新 视 域

三维渲染高级教程：

带你走进影视级的CG造型世界

夏国富 ｜ 著

U0193493

上海人民美術出版社

图书在版编目（CIP）数据

三维渲染高级教程：带你走进影视级的CG造型世界 /
夏国富著. -- 上海：上海人民美术出版社, 2024.5
ISBN 978-7-5586-2810-8

Ⅰ. ①三… Ⅱ. ①夏… Ⅲ. ①三维动画软件－教材

Ⅳ. ①TP391.414

中国国家版本馆CIP数据核字(2023)第188798号

三维渲染高级教程：
带你走进影视级的CG造型世界

主　　编：魏劭农
著　　者：夏国富
责任编辑：孙　青　沈　超
排版制作：苏州航天印刷广告有限公司
技术编辑：史　湧
出版发行：上海人民美术出版社
地　　址：上海市闵行区号景路159弄A座7楼　邮政编码：201101
印　　刷：上海丽佳制版印刷有限公司
开　　本：787×1092　1/16　12.25印张
版　　次：2024年5月第1版
印　　次：2024年5月第1次
书　　号：ISBN 978-7-5586-2810-8
定　　价：88.00元

CONTENTS

目 录

CONTENTS

目 录

第五章　真实皮肤渲染案例

159

CHAPTER 1
欢迎来到三维的渲染世界

一、三维渲染的发展历程

1. 概述

三维渲染是用计算机将三维模型、纹理和材质相结合，通过渲染引擎模拟出各种图形、图像的技术。根据渲染出的画面效果，三维渲染可分为写实效果和非写实效果两大类型。渲染的质量与计算机的计算能力和时间成本成正比，这就引出了渲染的核心：在所需时间内，要选择最好的方法，让效果尽量更好。因此，复杂的阴影、复杂的运动模糊、次表面散射光或其他灯光效果应该被优先考虑——在你的场景中，哪些属性需要更大程度的妥协？

总之，渲染是一种试图在品质和时间成本中妥协的艺术。

2.软硬件的发展历史

20世纪80年代，2D显卡已经出现，但3D显卡还在酝酿中。像现在得到广泛应用的三维技术，如光栅扫描、光线追踪等，在当时已经有了很深入的研究。直到90年代初期，在3DFX、MATROX、S3、Nvidia、SiS、ATI等公司的努力下，专门用于图形学计算的显卡出现了，推动了三维渲染的快速发展。1999年，英伟达发布了具有开创性的GeForce 256，这是第一张被称为图形处理单元或GPU 的家庭视频卡。计算机使用通用图形来处理框架的惯例，如DirectX和OpenGL，也是在那时建立起来的。

此后，三维渲染的发展过程中有两种常态：一是理论等待软件和硬件的发展，二是新技术的出现大幅度提升了渲染效率。

3.渲染技术的诞生与发展

渲染的核心任务是通过计算机程序从三维模型生成二维图像，并尽可能地符合在肉眼情况下我们会观察到的几何效果。出于不同的目的，渲染程序可能会侧重于被渲染物体的不同方面：质感、纹理、透明度或真实感等。用计算机语言来模拟这些效果的过程中，会涉及大量的几何原理、光学原理和数学计算。

光栅化：早期使用的光栅化渲染方法主要通过考虑视角和被渲染物体之间的光线连线，来确定物体在二维图像上的投影，但这种方法没有考虑到深度信息，因此无法确定重叠物体的遮挡情况。

1974年，艾德·卡姆尔（Edwin E. Catmull）在他的博士学位论文中，描述了深度缓冲算法（Z-buffering）。根据他的算法，在进行物体渲染时，程序需要同时生成一个缓冲区，用以保存生成的像素（pixel）的深度。如果之后发现另一个物体所生成的像素与此有所重合，程序就会根据缓冲区中保存的深度进行选择，以达到较近物体遮挡较远物体的效果。

GPU作为图像处理器，设计和构造类似于普通的CPU，但它的设计目的是处理复杂的图形，它最初被设计时就是用来做实时图像渲染（光栅化）加速的。GPU出现于渲染管线的末端，首先运行的是三角面扫描线的光栅化，紧接着的下一代硬件沿着渲染管线上溯，逐层传递，一些应用程序阶段的算法亦被囊括在硬件加速器的范围内。

在过去的20年中，图形硬件经历了一个不可想象的变革，GPU实现了从原来复杂的可配置固定功能管线到可高度编程的转变，开发者可在其上实现他们自己的算法。英伟达更是于2018年推出了"光线追踪"GPU——Quadro RTX GPU。

近年来，GPU可用特定渲染软件来进行渲染，也就是现在热门的GPU渲染，例如NVIDIA的IRay、Chaos Group的VRay RT、Otoy的Octane Render、MAXON的Redshift等。而Unreal Engine于2021年推出的UE5则实现了基于GPU的软光栅，即通过软件进行光栅化，以达到实时渲染的目的。

光线追踪：1979年，透纳·惠特（Turner Whitted）提出了光线追踪算法（Ray Tracing）。在这种算法中，当光线从视点发出并撞击到物体时，会产生最多3种类型的光线：反射光线、折射光线和阴影。如图1所示，从摄影机发出的（红色）光线打到了球体上并发生了反射，如果反射光最终反射到了光源，那么根据光线可逆原理，我们知道该光源可以照亮这个球体的一侧。而球体的另一侧则处于阴影之中，因为光源被遮挡住了。此项技术被应用于NVIDIA（见图1）。

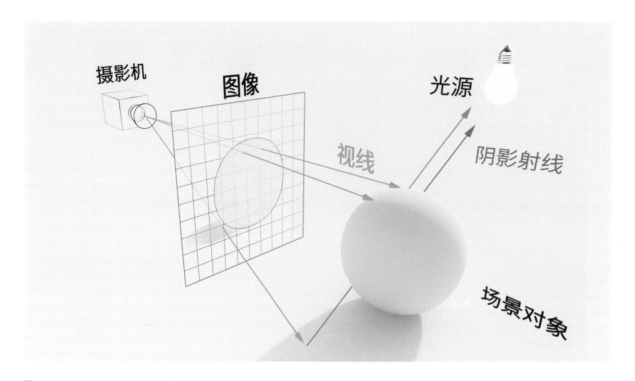

图1

在计算机图形学中，一个像素的尺寸远远大于光的波长，在这个微观尺寸（microfacet）下，物体表面是不光滑的，也就是说，进入一个像素的多个光线可能会分别被反射到不同的方向，根据表面粗糙度的不同，这些光线呈现出不同的分布。在现代渲染技术中，这些反射特性通常通过Microfacet BRDF公式来表述，基本上通过一个简单的粗糙度方向，同时结合金属性等参数，就可以模拟出比较真实的光反射分布。这就是目前流行的基于物理的渲染模型。

1984年，库克（Cook）提出了分布式光线追踪（Distribution Ray Tracing），后者又被称为随机光线追踪（Stochastic Ray Tracing），使得原来单一的反射光变为对围绕一个空间所形成的漫反射或高光反射。每一条从摄影机发出的光线在表面点被反射至多个不同的方向，分散成多束光线。以此递归，每条光线最终形成一个光线树（a Tree of Rays）。此项技术被应用于Renderman。

1986年，吉姆·卡吉亚（Jim Kajiya）统一了光照公式，并推导出了光照公式的路径表述形式，使得光照公式由一个递归的结构，变成对一个路径函数的积分。这种新的形式被称为路径追踪（Path Tracing）。

在此基础上，帕特里克·M.汉拉汗（Patrick M.

Hanrahan）于1988年提出了立体渲染技术（Volume Rendering）。其背后的思想主要是：在自然界，有一些物质本身就是以一定体积存在的，如云、火、雾。立体渲染技术仍然致力于如何将三维物体投射到二维图像中，但更关注如何在体素（voxel）而非像素水平上实现这种渲染，以及如何保证物体纹理质感的呈现。此项技术被应用于Renderman。

1993年，汉拉汗还开发了利用次表面散射（Subsurface Scattering）来描绘皮肤和头发，利用蒙特卡罗光线追踪来渲染复杂照明效果的技术。次表面散射模拟的是光在穿透半透明物体时，以不规则的角度在物体内部多次反射，然后从不同角度离开物体表面的效果。这种现象在玉石、皮肤、蜡等材质上很常见，因此，要逼真地渲染这种材料，首先必须模拟光的传播机制。图2给出了一个现实生活中的例子：当光穿过手指间时，会产生一种半透明的、光亮的、毛茸茸的质感。此项技术被应用于Renderman（见图2）。

图2

1997年，芬奇（Veach）提出了梅特罗波利斯光传输（Metropolis Light Transport），对全局光照计算中用到的路径空间进行采样，这样就产生了一种新的全局光照算法，这种算法被称为梅特罗波利斯光线追踪。

20世纪90年代后期，汉拉汗和他的学生扩展了Renderman 着色语言，使其可以在当时刚打入市场的GPU上实时运行。此举带动了商业版着色语言（包括OpenGL）的开发，从而彻底改变了电子游戏的程序编写，使游戏画面更加逼真。

2005年，由大卫·柯莱（David Cline）提出的能量再分配路径追踪（Energy Redistribution Path Tracing）方法，是一种无偏的绘制方法，它是一种基于能量再分配采样的路径追踪方法。2012年，温泽·杰克布（Wenzel Jakob）提出了流形探索（Manifold Exploration），它解决了由完美的镜面或折射链接而成的光路依靠随机采样难以得到的问题。

随着基于最新图形卡的实时光线追踪解决方案的出现，去噪技术研究有所复苏。使用高斯（Gaussian）、双边（Bilateral）、多孔（A-Trous）、导向（Guided）和中值（Median）等滤波技术，对蒙特卡洛光线追踪图像进行模糊处理的方法，已经在商业中得到使用。

光子映射：光线追踪虽然简单、强大、易实现，但无法很好地解决真实世界的很多问题，如辉映（Bleeding）、焦散（Caustics）——光被汇聚在一起的现象。

直到1993年，光子映射的提出，对光线追踪无法有效解决的两个问题提供了良好的解决方案。辉映和焦散现象都是由漫反射面的间接光照造成的。

光子追踪和光线追踪的区别就在于光线追踪收集光亮度（radiance），而光子追踪收集光通量（flux）。这个区别很重要，因为一束光线与某种材质的交互作用肯定有别于一个光子与某种材质的交互作用。比较明显的一个实例就是折射——光亮度应该随折射率的变化而变化，而光子追踪就不受这个因素的影响（因为收集的是光通量）。当光子击中一个面的时候，光子不是被反射、传送（折射），就是被吸收了，其结果跟该表面的参数有关。

辐照度：辐射度方法是一种全局光照模型，1984年由康奈尔大学的研究人员C. Goral、K. E. Torrance、D. P. Greenberg和B. Battaile在他们的论文"Modeling the interaction of light between diffuse surfaces"（《漫射表面之间光线交互的建模》）中引入。

作为一种有限元法，它把场景中物体的表面划分成许多面片（patch），然后根据能量传播的物理规律，模拟光能在这些面片之间辐射、传输的过程，近似于求解物体表面的光能辐射分布，以生成具有真实感的图形。与倾向于只在一个表面上模拟一次光反射的直接光照算法（例如光线追踪）不同，像辐射度算法这样的全局光照算法模拟光在一个场景里的多次反射，通常会催生更柔和、更自然的影子和反射。

该理论在工程中早有应用，用以解决辐射热传导中的问题，约始于1950年。突出的商用辐射度算法引擎包括Lightscape（现已集成到Autodesk 3D Studio Max的内部绘制引擎中），以及更新的Next Limit的麦克斯韦渲染器（Maxwell Renderer）。不过，辐射度方法依然存在一些缺陷：形状因子（form factor）难以计算；如果场景相对复杂，那么求解辐射度的线性方程组会十分庞大，即多光问题（many light problem），难以求解；难以应用于复杂的表面散射模型。因为存在这些缺点，所以辐射度方法在21世纪不再那么流行了，研究的焦点也转向了光线追踪。不过，辐射度方法的一些思想已被光线追踪类算法吸收、继承了。

二、三维渲染的未来趋势

计算机诞生时即能实时生成二维图像，例如简单的线条、图像和多边形。然而，对传统冯·诺依曼结构的系统而言，快速绘制详细的三维对象任务艰巨。早期多用二维精灵图模仿三维图像的方法，来解决这一难题。如今各类渲染技术诞生了，比如光线追踪和光栅化。计算机利用这些技术和先进的硬件，在接收用户输入的信息时，快速、及时地渲染图像，为用户营造运动的假象。如此一来，用户能对呈现的图像做出实时反应，从而获得交互体验。

实时渲染成为当下三维动画领域热门的话题，而实时计算机图形或实时渲染是计算机图形学领域的分支，也是未来渲染的趋势。

实时渲染涵盖从应用程序图形用户界面（GUI）到实时图像分析的一切内容，但通常多指由图像处理器GPU生成三维计算机图形，通过GPU渲染而生成图像。这些图像可分为两大类：

1.生成静态图片或序列图片；

2.生成互动三维图形，如游戏、VR等形态。

对于第一种，Rendshift是GPU渲染的代表，一些影视作品多采用此渲染器渲染。

对于第二种，三维类的电子游戏就是其中的代表，它能快速呈现不断变化的三维环境，营造出运动的影像。EPIC（游戏开发公司）的虚幻引擎是这一领域的代表。

随着近年来游戏引擎的快速发展，实时渲染的能力越来越强。对真实环境的模拟，光影的实时变化也越来越真实，当下流行的虚幻引擎带来了非常真实、快速的交互体验。我相信，在不久的未来，交互式渲染将成为未来渲染的一个大趋势。

三、主流的三维渲染器

1. Arnold渲染器

Arnold渲染器是基于物理算法的电影级别渲染引擎，正在被越来越多的好莱坞电影公司以及工作室作为首席渲染器使用。作为一款高级的、跨平台的渲染应用程序编程接口（API），与传统用于计算机动画（CG）的扫描线渲染器不同，Arnold是依据真实照片、基于物理的光线追踪渲染器，它的设计构架能很容易地融入现有的制作流程。

2016年，Arnold的母公司Solid Angle被全球最大的二维、三维设计和工程软件公司Autodesk收购。自2018开始，Arnold成为MAYA内置渲染器。2022年11月，Autodesk公开测试了Arnold GPU的Arnold 7.1版本。

支持软件有：MAYA、Softimage、Houdini、Cincma 4D等。

代表作有：*Gravity*（《地心引力》）、*Oz, The Great and Powerful*（《魔境仙踪》）、*The Avengers*（《复仇者联盟》）、*Hotel Transylvania*（《精灵旅社》）、*Mission: Impossible – Ghost Protocol*（《碟中谍4：幽灵协议》）、*X-Men: First Class*（《X战警：第一战》）、*Alice in Wonderland*（《爱丽丝梦游仙境》）、*Thor*（《雷神》）。

2. RenderMan —— Pixar

RenderMan一词首次出现于1988年的《RenderMan

接口规范）。严格来说，PRman是一个符合RenderMan标准的渲染器，另有一些不是由Pixar开发，但也符合RenderMan标准的渲染器。

PRman使用的算法会渲染你所看到的一切，但它也能够部署光线追踪和全局照明算法，使其成为一个混合渲染器。20世纪80年代初，罗兰·卡彭特（Loren Carpenter）和罗伯特·库克（Robert Cook）开发了最初的Reyes渲染器，当时，皮克斯还是卢卡斯电影公司（Lucasfilm）计算机和图形研究部门的一部分。通过对菜单和鼠标进行简单操作，RenderMan实现了从代码到图形界面的转变，直接通过软件进行艺术创作。在《星际迷航2：可汗之怒》（1982）中，它首次被用于商业渲染。

今天，皮克斯的RenderMan已经发展成为视觉特效行业事实上的标准，被大大小小的工作室用来为故事片和广播电视制作高标准图像。不仅仅是每一部重要的皮克斯电影，许多奥斯卡获奖动画长片都使用它完成了渲染。

代表作品有：*Toy Story: 1—4*（《玩具总动员1—4》）、*Finding Nemo*（《海底总动员》）、*Up*（《飞屋环游记》）、*Cars: 1—3*（《赛车总动员1—3》）、*WALL·E*（《机器人总动员》）、*Incredibles: 1—2*（《超人总动员：1—2》）、*Ratatouille*（《美食总动员》）、*Brave*（《勇敢传说》）、*Monsters University*（《怪兽大学》）、*Inside Out*（《头脑特工队》）、*Coco*（《寻梦环游记》）、*Luca*（《夏日友晴天》）、*The Good Dinosaur*（《恐龙当家》）、*Finding Dory*（《海底总动员2：多莉去哪儿》）等。

3. Vray——Chaos Group

Vray，一个远离大工作室环境的光线追踪器，从十年前开始迅速推广。

Vray的核心开发者是Viadimir Koylazov（"Viado"）和1997年在保加利亚索菲亚成立的Chaos Software制作工作室的Peter Mitev。该公司提供CPU和GPU版本：V-Ray和V-Ray RT GPU。不同版本的Vray支持3ds Max、MAYA、Softimage、Cinema 4D、Rhino等。Vray支持通过插件进行深度合成。

从Vray 2.0版本开始，Vray从专注于建筑工作转向进行更多的电影和电视工作。例如，它有一个特殊的汽车着色工具，以加速渲染逼真的汽车。

支持软件有：3ds Max、MAYA、Sketchup、Rhino、Blender、Cinema 4D、Nuke、Houdini、Revit、Unreal等产品。

代表作品有：*Avengers: Endgame*（《复仇者联盟4：终局之战》）、*300: Rise of an Empire*（《300勇士：帝国崛起》）、*Iron Man 3*（《钢铁侠3》）、*Captain America: The Winter Soldier*（《美国队长2：冬兵》）、*Independence Day 2*（《独立日2：卷土重来》）、*Deadpool*（《死侍》）、*The 5th Wave*（《第五波》）、*Exodus: Gods and Kings*（《法老与众神》）、*San Andreas*（《末日崩塌》）、*Maleficent*（《沉睡魔咒》）、*Vaterfreuden*（《奶爸难当》）、*Ant-Man*（《蚁人》）。

4. Redshift——Maxon

红移动渲染器（Redshift）是基于GPU加速的有偏差渲染器，也就是时下流行的实时渲染器的代表，渲染方式类似于Vray。它为用户提供了很多渲染器设置参数，给予艺术家更大的调整自由度。若想要在Redshift里获得逼真且快速的渲染效果，相较于无偏差的渲染器，需要耗费更多的时间和精力来处理技术参数。

研发Redshift的渲染技术公司（Rendering Technologies Inc.）成立于2012年年初，位于加利福尼亚州的纽波特海滩（Newport Beach），旨在开发一款支持全局光照技术的高质量GPU加速渲染器。2019年，这家年轻的公司被Maxon收购，一年后，Redshift成为Cinema 4D的内置渲染器。

2021年4月13日，Maxon宣布推出macOS版Redshift，包括支持M1驱动的Mac以及苹果的Metal Graphics API。作为通用解决方案，Redshift针对M1和由英特尔驱动的Mac的高端性能进行了优化。

支持软件有：MAYA、3ds Max、Cinema 4D、Houdini、Blender等。

CHAPTER 2
熟悉Arnold的工作环境

一、Arnold渲染器概述

Arnold是一款高级的、跨平台的渲染API。与传统的渲染器不同，Arnold是基于物理的光线追踪渲染器。Arnold使用前沿的算法，充分利用包括内存、磁盘空间、多核心、多线程、SSE等在内的硬件资源。

Arnold的设计构架能很容易地融入现有的制作流程。它建立在可插接的节点系统之上，用户可以通过编写新的shader、摄影机、滤镜、输出节点、程序化模型、光线类型以及由用户定义的几何数据，来扩展和定制系统。Arnold构架的目标就是为动画及VFX渲染提供完整的解决方案。

二、Arnold的界面和基本使用技巧

MAYA 2017取代Mental Ray成为MAYA内置的高级渲染器。Arnold号称"基于物理"，在使用方法上比之前的Mental Ray要简单。按照官方的说法，Arnold在一定程度上通过牺牲速度来换取易用性。

正常情况下，MAYA 2017及以上版本一打开就会自动激活Arnold；但如果没有自动激活，则需要自行去插件管理器中加载Arnold选项。此书以最新的MAYA 2023版本为例。

在顶部菜单中点击窗口，在展开列表中找到设置/首选项，点开其中的插件管理器，搜索mtoa.mll，手动加载并确保"自动加载"被勾选，如图1所示。

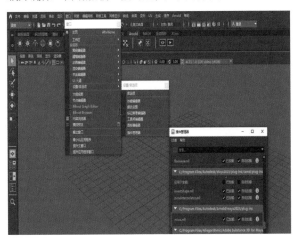

图1

1. Arnold 渲染设置窗口

以现在最新版的MAYA 2023为例，Arnold for MAYA的界面如图2、图3所示。

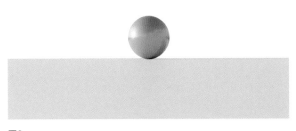

图2

图3

Arnold菜单会首先出现，有关Arnold的各种选项都集中在这里，分门别类地进行了区分。关于当前版本的具体介绍通过About可以查看。

点击顶部菜单中的渲染设置图标，渲染设置里面会出现Arnold Renderer选项，以便选择Arnold渲染器。之后，渲染设置的面板会变为Arnold的相关渲染设置，如图4所示。

图4

切换成Arnold Renderer之后，默认的文件输出格式后缀就变成了.exr。Arnold的工作流程都是基于线性色彩空间的，也就是说，它能够读取高动态色彩范围图片（比如HDRI天空），也会默认输出高动态色彩范围图片，便于后期自由调整，如图5、图6所示。

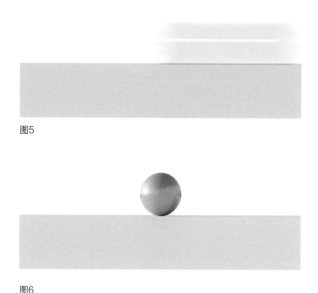

图5

图6

（1）渲染设置的第一个选项集"公用"

该选项集提供对输出驱动程序的相关操作。"图像格式"控件允许在可用的Arnold输出格式exr、png、jpeg等之间进行选择。在每一种输出格式下，都可以指定文件名；在没有指定的情况下，则会使用场景名称。

压缩（Compression）：可以选择不同的图片输出格式，如图7所示。

图7

半精度（Half Precision）：指定输出图片是否使用16位浮点（binary 16），而不是完整的32位精度。在许多情况下，虽然有了足够的精度，但数据使用量降低了。

保留图层名称（Preserve Layer Name）：被勾选后，不同的AOV数据存储在exr中以AOV命名的图层中。

平铺（Tiled）：以扫描线或平铺模式保存文件。如果关闭，则将一次性为场景中存在的所有AOV分配图像缓冲区；如果启用，Arnold将在存储时呈现并保存它们，从而减少图像缓冲区占用的内存。

多部分（Multipart）：EXR驱动程序可以将AOV呈现为多部分EXR文件中的单独图像（部件），相比之下，合并的AOV将AOV呈现为单部分EXR中的层。多部分适用于扫描线或平铺的EXR，通过使用driver_exr.multipart布尔参数启用。

自动裁切（Autocrop）：自动裁剪会删除Alpha和所有其他通道为零的像素。它在图像内容周围包含一个边界框，该框限定合成应用程序需要识别的图像部分以及可以跳过的图像部分。

附加（Append）：此选项启用渲染校验点（或"附加模式"），通过设置相应的输出驱动程序来实现。Append属性被设置为true时，Arnold将保留以前渲染过的图片，并且只处理丢失的图片，同时将它们追加到输出文件中。如果不存在图像，渲染将照常进行，并创建新图像。如果图像规格不匹配，渲染将中止。

合并AOV（Merge AOVs）：此选项会将多个AOV层保存到一个多通道EXR文件中。它将所有启用的AOV写入一个图像文件，并用"RenderPass"命名EXR中的图层。

图8是元数据栏Metadata（name，type，value）。

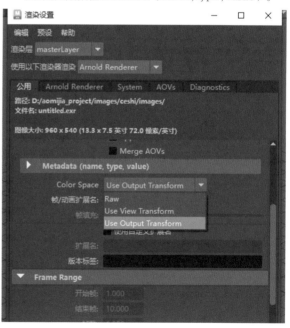

图8

图8所示可以修改色彩空间（Color Space）的不同类型，如图9所示可以选择不同的名称.扩展名（单帧），以满足不同的项目需求。

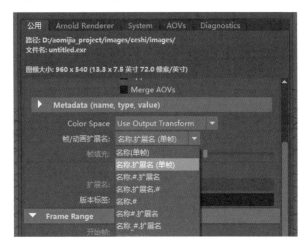

图9

　　帧范围（Frame Range）：在帧/动画扩展名中选择非（单帧）后缀的类型，可以对开始帧、结束帧和帧数等进行操作，也就是我们经常进行的序列帧渲染设置，如图10所示。

图10

　　可渲染摄影机：可以指定场景内不同的摄影机进行指定渲染，如图11所示。

图11

　　图像大小:可以对渲染输出图像的分辨率尺寸选择预设规格，也可以按自己需要的尺寸修改相关参数，如图12和图13所示。

图12

图13

（2） 渲染设置的第二个选项集Arnold Renderer

　　这个选项集主要是针对Arnold渲染器系统的设置。这些设置直接关系到最终渲染的速度和质量，需要完全掌握这些知识，以便后续的制作。

　　采样（Sampling）:决定需要计算多少根射线及其返回的光照信息的参数，即所谓的"采样值"。大部分的采样参数都在渲染设置的Sampling一栏中进行调节，如图14所示。

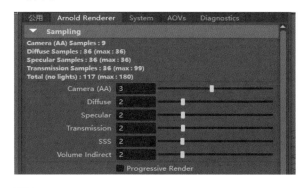

图14

采样的精度决定图像照明效果的精度。简单来说，采样不够就会有噪点，若想消除噪点，就必须提高采样值（也就是有更多的射线来进行探测采样）。当然，采样值越高，渲染时间就会越长。在渲染设置Sampling栏的这些参数中，相机（AA）决定每一个像素点将对应多少条主射线。相机（AA）等于3相当于每一个像素点会发出9（3×3）条主射线。

后面的5个参数（Diffuse、Specular、Transmission、SSS、Volume Indirect）分别决定漫反射、高光、透明、次表面散射及体积（针对烟、雾等流体）这5种不同的材质所对应的每一条主射线的次级射线数量。因此，在相机（AA）等于3、漫反射（Diffuse）等于2时，相当于一共有36（3×3×2×2）条射线来检测这个点的间接漫反射光照效果。

要注意的是，这5个次级取样参数所对应的射线，探测的是对应的间接（indirect）照明效果，而实际的最终照明效果其实是直接（direct）照明效果和间接照明效果之和。比如，一个漫反射照明效果实际上是光源对材质表面的直接光照和环境对材质表面的间接光照共同作用的结果，修改Diffuse采样值并不会对直接光照那部分产生任何影响。

由于最终的射线总数与这些参数的关系是"指数式"的，稍有不慎就会产生极大量的探测光线，延长渲染时间。渲染时间延长却不一定能改善渲染质量。因此，我们要充分了解各个参数的作用范围，准确分析图像噪点的真实来源，并合理提高这些参数值，以达到最优的渲染结果。

因为相机（AA）对渲染时间的影响非常大，所以通常不会完全依靠该项来提升图像质量。如果噪点源于某个灯光的采样不够，那只要提高这个灯光的采样就好了，而不是提高所有点的采样精度。

自适应采样（Adaptive Sampling）：Arnold有能力调整每个像素的采样率，当Enable渲染选项开启时，允许它将更多数量的摄影机样本（因此也会需要更多的渲染时间）专用于在其样本值中显示较大变化的像素，如图15所示。

图15

使用时，所有像素将获得至少是AA Samples的采样

率，但不超过AA Samples的最大值。自适应采样器对噪声的灵敏度可以通过Adaptive Threshold渲染选项进行控制，其中，较低的阈值会将较高的采样率应用于更多数量的像素。

锁定（Clamping）：勾选Clamp AA Samples，将会开启下面的锁定参数调节功能，如图16所示。

图16

勾选Affect AOVs功能，AOV的像素值将会被锁定。AOV锁定将影响每个RGB和RGBA。

AA Clamp Value指的是将像素值锁定到此指定的最大值，这样可以更轻松地消除某些高动态范围效果的锯齿。

间接锁定值（Indirect Clamp Value）：会从间接光样本中锁住光子，并降低噪点的阈值，这与Clamp AA Sample类似，但保留了直接照明的镜面高光。较低的值会导致更积极的降噪，但可能会以牺牲动态范围为代价。

高级设置（Advanced）如图17所示。

图17

锁定采样模式（Lock Sampling Pattern）：勾选该功能可以使采样噪点不随帧数而变化。

勾选Use Autobump in SSS功能将自动在SSS中显示可见。启用该选项将考虑置换贴图对光线追踪结果的影响。这有助于通过凹凸贴图更准确地捕获表面的高频细节。

嵌套电介质（Nested Dielectrics）：勾选该功能便于在具有相邻电介质的场景中进行IOR跟踪。默认情况下该功能处于启动状态。

间接镜面模糊（Indirect Specular Blur）：设置间接镜面反射模糊，有助于减少焦散噪点。设置为0可提供最准确但会有噪点的渲染，而较高的值会模糊焦散但能减少噪点。

光线深度（Ray Depth）：光线深度基于光线类型，会限制不同类型光线追踪次数的设置。值越高，渲染效果越好，渲染时间也越长。

Total值指定场景中任何光线最大追踪深度的总和[漫反射（Diffuse）+透射（Transmission）+ 镜面反射（Specular）≤ 总计（Total）]。

漫反射（Diffuse）：定义光线漫反射深度反弹的次数。数值0等于禁用漫反射照明。增加深度数值，将为场景增加更多的反射光，这在室内尤其明显，如图18、图19、图20所示。

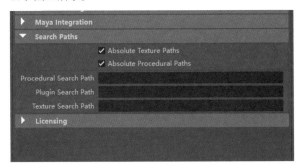

图18 漫反射值为0（无反射光）

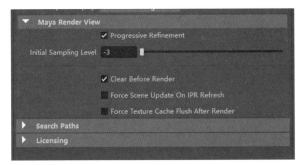

图19 漫反射值为1（光线在场景中反弹，但一些区域仍然很暗）

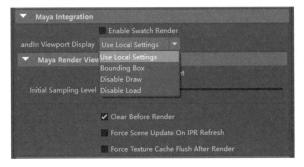

图20 漫反射值为2（更多的漫射光线进一步照亮了场景）

镜面反射（Specular）：设置光线可以镜面反射的最大次数。具有许多镜面反射的场景可能需要更高的值才能得到正确显示。最小值1是获得任何镜面反射所必需的，如图21-1、图21-2、图21-3所示。

图21-1 镜面反射值为0

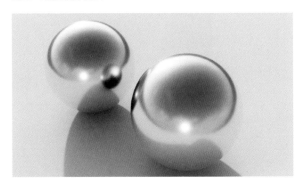

图21-2 镜面反射值为1

图21-3 镜面反射值为3

透射（Transmission）：射线可以折射的最大次数。具有许多折射表面的场景可能需要更高的值才能获得看起来正确的效果，如图22所示。

透射值为2

透射值为8

图22 透射效果对比图

体积（Volume）：此参数可以控制体积内多次散射反弹的次数（默认为0）。此参数在渲染时非常有用，因为多重散射会对渲染效果产生很大的影响。

透射深度（Transparency Depth）：该参数可以控制透明物体的透明度。如果透射深度为0的话，物体将会被视为不透明，如图23所示。

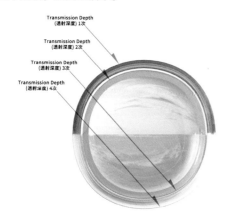

图23

这里顺便提一下，透射深度值和Arnold中线框渲染（尤其是高面数的复杂模型）的遮挡问题有直接关系，如

图24所示。

透射深度值为10

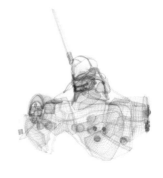

透射深度值为30

图24 透射深度效果对比图

环境（Environment）：可以对场景中的背景和大气等进行参数控制，如图25所示。

图25

大气环境（Atmosphere）：Arnold有3种类型的大气环境，点击棋盘格图标就可以进行选择、创建。

背景着色器（Background Legacy）：单击右边棋盘格图标，可以创建类似天光之类的环境着色器。

运动模糊（Motion Blur）：该功能可以控制场景内运动模糊的数量、类型和质量。Arnold可以将运动模糊应用于摄影机、对象、灯光和着色器，如图26所示。

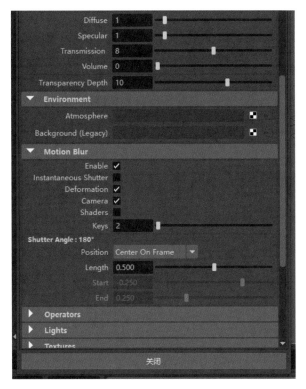

图26

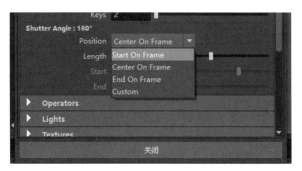

图27

勾选Enable选项可以开启运动模糊功能。

瞬间快门（Instantaneous Shutter）：设置相机的瞬间快门，能准确、清晰地输出AOV的运动模糊信息。

变形（Deformation）：此选项指定运动模糊是否考虑几何变形。只有当场景中的对象更改形状足够快时，才应启用此选项，因为此选项将使用更多内存，并且渲染速度较慢。默认情况下，它处于启用状态。

摄影机（Camera）：可以切换启用或禁用摄影机的运动模糊功能，默认情况下处于启用状态。

材质球（Shaders）：可以切换启用或禁用材质球参数上的运动模糊功能，默认情况下处于禁用状态。

关键帧（Keys）：在运动模糊设置的"关键帧"属性中，可以设置用于运动模糊的步数。对于匀速平移和旋转，两帧就足够了。但是，如果对象在运动期间不稳定地移动或执行其他类型的非线性移动，则需要增加关键帧的数量。

Shutter Angle：180° 即快门角度为180°。

位置（Position）：指定快门时间间隔的偏移量，允许更改运动模糊轨迹，会偏移图像中的运动模糊。此设置可以控制相机快门相对于渲染帧的打开和关闭时间，如图27所示。

从画面开始（Start On Frame）：快门在当前帧打开，如图28所示。

位于画面中心　　　　　　　　　选择Start On Frame

图28 从画面开始效果对比图

以画面为中心（Center On Frame）：快门在当前中心范围打开，如图29所示。

位于画面中心　　　　　　　　　选择Center On Frame

图29 以画面为中心效果对比图

在画面处结束（End On Frame）：快门在当前帧关闭，如图30所示。

位于画面中心　　　　　　　　　选择End On Frame

图30 在画面处结束效果对比图

如图31所示，习性（Custom）：可以自定义运动范围的起点和终点。

长度（Length）：可以使用此参数来调整运动模糊步道的大小和长度。

图31

灯光设置（Lights）：这些设置提供了一些如何在Arnold中评估灯光的常规控制，如图32所示。可以设置低光阈值，当光量低于特定值时，允许Arnold跳过光照采样评估，从而加快渲染速度。

通常，场景中的光源可以照亮场景中的所有对象。但是，MAYA允许通过将光源与特定对象"链接"起来，以使光源仅照亮它所链接的对象。默认情况下，MtoA的设置遵循MAYA场景中所定义的任何光源链接，但也可以覆盖此链接。MtoA还可以单独控制阴影的呈现方式。

图32

低光阈值（Low Light Threshold）：提高此参数，可以加快渲染速度，因为Arnold可以忽略低于设定值的光照采样的阴影射线追踪。

影子链接（Shadow Linking）：阴影链接可以设置为与灯光链接["跟随灯光链接"（Follow Light Linking）]的设置相同，也可以明确指定应关闭阴影链接（"无"）或使用MAYA的阴影链接（"MAYA阴影链接"）。

纹理设置（Textures）：该功能可以自定义处理MtoA中的纹理文件，如图33所示。

图33

自动将纹理转化为TX（Auto-convert Textures to TX）：自动生成平铺纹理和贴图纹理。TX纹理将根据颜色空间属性进行线性化。

使用现有的TX纹理（Use Existing TX Textures）：可以使用纹理格式，如exr、jpeg和png等，用于渲染的纹理。

接受未开发的（Accept Unmipped）：无论距离如何，都必须将最高分辨率级别加载到内存中，而不是较低的分辨率级别。禁用此功能后，任何加载未映射文件的尝试，都将产生错误，并终止渲染。

自动平铺（Auto-tile）：如果纹理贴图文件以jpeg模式存储，启用此选项将按平铺生成。输出将存储在内存中，并放入全局纹理缓存中。此过程会增加渲染时间，尤其是具有许多高分辨率纹理的场景。为了避免性能的下降，建议使用本机支持平铺模式的纹理文件格式（如tiff和exr）。可以使用maketx工具创建平铺纹理。

拼贴尺寸（Tile Size）：该参数是使用自动平铺时切片的大小。值越大，意味着纹理加载的频率越低，但使用的内存越多。

无条件接受（Accept Untiled）：如果纹理贴图文件不是mip映射的，渲染将出现错误，除非选中此选项。

最大缓存大小[Max Cache Size（MB）]：用于纹理缓存的最大内存量。

最大打开文件数（Max Open Files）：纹理系统在任何给定时间内会保持打开的最大文件数，以避免在缓存单个纹理分片时过度关闭和重新打开文件。增加这个数字可能会稍微提高纹理缓存性能。如果该值高于操作系统支持的最大打开文件数，则某些纹理查找可能会失败。默认情况下，该值设置为0，这意味着Arnold会自动计算可同时打开的纹理文件的最大数量。默认值为0，就可以获得最佳性能。

细分（Subdivision）：这些功能可以控制Arnold的曲面细分，如图34所示。

图34

最大细分（Max. Subdivisions）：该参数为场景中的所有对象的细分迭代次数设置上限。

视锥体剔除（Frustum Culling）：视图外的细分面片或切割摄影机平截头体将不会被细分。这对仅部分可见的任何扩展曲面都很有用，因为只有直接可见的对象将被细分。同样，如果网格不直接可见，则不会进行细分工作。这可以通过设置全局打开，也可以通过多边形网格对特定网格关闭。

视锥填充（Frustum Padding）：向视锥体添加世界空间填充，可以根据需要增加该填充，以最大限度地减少投射阴影、反射等中视图外对象的错位影像。请注意，运动模糊尚未考虑在内，移动对象可能需要一些额外的填充。

划片相机（Dicing Camera）：划片相机是在自适应细分期间，确定补丁细分级别时将使用到的相机。启用后，将提供一个特定的摄影机，该摄影机将用于自适应细分期间所有切块（细分）计算的参考。换句话说，对象的镶嵌不会随着主摄影机的移动而变化。这对修复自适应曲面细分所引起的令人反感的闪烁以及主相机的某些移动非常有用。如果设置静态切块摄影机，仍将从自适应细分（更接近切块摄影机的较高多边形细节）中获得好处，同时获得不会因帧而异的曲面细分。默认情况下，这是禁用的，并且应仅在必要时使用。

成像仪（Imagers）：这是可以处理节点的成像器，在输出驱动程序之前对像素进行操作。

（3）渲染设置的第三个选项集系统System

System可以通过系统选项集对常规的Arnold系统范围的控件进行操作，如图35所示。

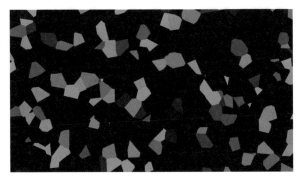

图35

设备选择（Device Selection）：如图36所示。

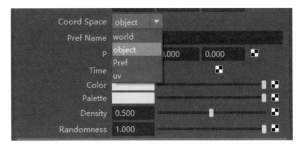

图36

渲染设备（Render Device）：在使用CPU"默认"或GPU渲染设备之间进行选择。使用GPU进行渲染时，必须确保使用发行说明中所述的正确版本的NVIDIA驱动程序。

渲染设备的备用方案（Render Device Fallback）：选择在遇到错误时切换到CPU进行渲染。此时默认行为将停止呈现过程，并生成错误消息。

自动设备选择（Automatic Device Selection）：自动是默认设置。它可用于选择特定的GPU卡（在提交到服务器场时很有用）。

显卡名称（GPU Name）：按名称自动选择GPU时使用的正则表达式字符串（同时支持glob和正则表达式）。

最小内存（Min.Memory）：自动选择GPU时可供选择的GPU的最小可用内存。根据场景大小，最小内存可能需要降低。这也取决于GPU上有多少内存。

手动设备选择（本地渲染）[Manual Device Selection（Local Render）]：从本地计算机手动选择要使用的GPU设备。这会影响到GPU渲染和OptiX去噪。

渲染设置（Render Settings）：如图37所示。

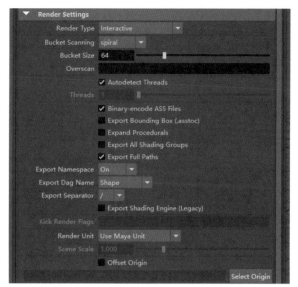

图37

渲染类型（Render Type）：在交互式渲染（Interactive）、导出Ass（Export Ass）或导出Ass和Kick（Export Ass and Kick）之间进行选择，如图38所示。

图38

交互式渲染（Interactive）：使用Arnold进行渲染的默认渲染选项，它将使用MAYA的视口进行渲染。

导出Ass（Export Ass）：此选项会自动将.ass文件导出到当前项目的数据文件夹中。

导出Ass和Kick（Export Ass and Kick）：此选项将场景导出为.ass文件，启动Kick，并在MAYA外部的本机渲染视图窗口中渲染.ass文件，如图39所示。

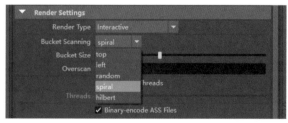

图39

存储扫描（Bucket Scanning）：指定处理图像存储（即线程）的空间顺序。默认情况下，存储从图像的中心开始，然后以螺旋模式向外移动。

存储尺寸（Bucket Size）：图像存储画面的大小，默认大小为64×64像素。较大的存储容量将使用更多的内存，而较小的存储容量可能会执行冗余计算和筛选。

过扫描（Overscan）：过扫描将渲染区域扩展到常规图像坐标之外。它可以是百分比或像素值。

自动检测线程（Autodetect Threads）：根据硬件处理内核的数量，使用最佳渲染线程数。

线程（Threads）：如果禁用了自动检测，可以手动设置渲染线程数，也允许使用负数。如果指定0个线程意味着使用计算机上的所有内核，那么负数可能意味着使用除该内核之外的所有内核。

二进制编码Ass文件（Binary-encode Ass Files）：指定是否使用二进制编码将大的浮点数组压缩为更紧凑的ASCII表示形式，从而使文件更小，加载速度更快。

导出边界框（Export Bounding Box）：指定是否将场景的边界框导出到.ass文件中。备用节点使用此文件在视口中绘制内部场景的正确边界框。

扩展程序（Expand Procedurals）：Arnold从程序节点（通常根据需要）创建形状节点，扩展程序在执行Ass导出之前展开节点。所以在保存.ass文件时，可以获得程序创建的所有节点。

导出所有着色组（Export All Shading Groups）：启用后，将导出所有着色组（或仅导出期间选择的着色组），即使它们未指定给场景中的任何几何体，也是如此。

导出完整路径（Export Full Paths）：导出具有完整MAYA路径的节点名称。

导出命名空间（Export Namespace）：确定是否必须将MAYA命名空间导出为Arnold节点名称。模式"root"仅在全名的根处将它们导出一次，作为附加层次结构。

导出Dag名称（Export Dag Name）：允许在导出场景时使用变换节点或形状"默认"名称。

导出分隔符（Export Separator）：确定Arnold节点名称中用于层次结构的分隔符。默认情况下使用"/"。

导出着色引擎（旧版）[Export Shading Enginge（Legacy）]，导出MAYA Shading Engine的所有节

点。此参数是出于旧原因而提供的，并将在未来的版本中得到删除。请注意，以前保存的.ass文件仍然兼容。但是，以前导出的XGen存档可能无法正确呈现。

渲染标志（Kick Render Flags）：当"渲染类型"设置为"导出Ass和Kick"时，此字符串字段可用于传递要剔除的参数。

渲染单元（Render Unit）：使用默认的MAYA单位设置，如图40所示。

图40

场景比例（Scene Scale）：全局场景比例参数（默认设置为1.000）。

偏移原点（Offset Origin）：选择坐标系的原点。

回调（Callbacks）："渲染设置"的"通用"选项卡中，所有常见回调都按预期运行，"后期渲染"除外。后期渲染回调在转换结束后执行，MtoA将执行反馈给MAYA。由于MtoA在与主线程不同的线程中呈现，因此，后期渲染始终在实际渲染完成之前执行。

集成（MAYA Integration）：MAYA集成功能允许控制各种Arnold的系统设置，如图41所示。

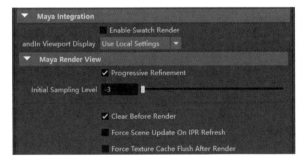

图41

启用色板渲染（Enable Swatch Render）：用于在"超阴影"窗口和"属性"编辑器中启用或禁用色板渲染开关。

andin视口显示（andin Viewport Display）：如图42所示。

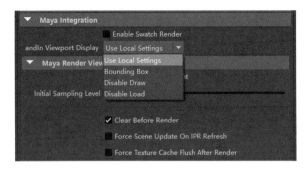

图42

使用本地设置（Use Local Settings）：使用默认设置。

边界框（Bounding Box）：强制将所有standins显示到边界框。

禁用绘制（Disable Draw）：禁用所有替身的显示。

禁用加载（Disable Load）：禁用加载备用文件。

MAYA渲染视图（MAYA Render View）：如图43所示。

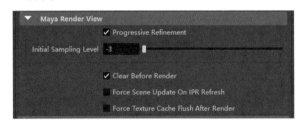

图43

逐步细化（Progressive Refinement）：随着AA采样数的增加，图像会被渲染多次，直至达到"渲染设置"中相机（AA）采样数设置的质量。禁用此选项后，将恢复为常用的渲染选项。

初始采样水平（Initial Sampling Level）：此选项用于第一次逐行渲染的初始AA示例。负值将对渲染进行子采样，从而允许在渲染窗口中更快地进行反馈。

渲染前清除（Clear Before Render）：此选项在重新渲染场景之前清除渲染视图。此外，此选项还会在正在渲染的存储图周围显示边框。

在IPR刷新时强制更新场景（Force Scene Update On IPR Refresh）：指定Arnold是否需要在每次刷新IPR时更新其场景数据，以匹配MAYA场景。

渲染后强制纹理缓存刷新（Force Texture Cache Flush After Render）：清除纹理缓存，强制重新加载纹理。

搜索路径（Search Paths）：这些设置指定MtoA用

于查找插件、程序、着色器和纹理的搜索路径，如图44所示。

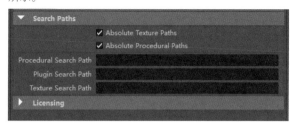

图44

绝对纹理路径（Absolute Texture Paths）：要导出相对路径，请清除此复选框，并将绝对路径的第一部分放在纹理搜索路径中。

绝对程序路径（Absolute Procedural Paths）：若要导出加载.ass文件的过程的相对路径，请清除此复选框，并将绝对路径的第一部分放在"过程搜索路径"中。

程序搜索路径（Procedural Search Path）：此选项定义一个位置，用于搜索、加载.ass文件（或obj 或层文件）的过程节点。

插件搜索路径（Plugin Search Path）：此选项定义用于搜索插件的位置，例如着色器、创建新节点类型的过程插件和卷插件。

纹理搜索路径（Texture Search Path）：此选项定义搜索纹理的位置。

许可证失败时中止（Abort On License Fail）：如果设置，则在渲染开始时未检测到许可证，渲染将停止。

用水印渲染（跳过许可证检查）[Render with Watermarks（Skip License Check）]：打开此选项，可避免从许可证服务器获取Arnold许可证。这将始终用水印呈现图像。

（4）渲染设置的第四个选项集AOVs

任意输出变量（AOV）：提供了一种将任意着色层组件渲染为不同图像的方法，如图45所示。

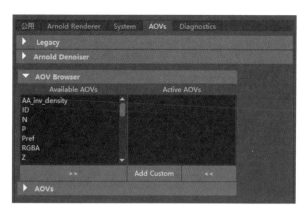

图45

资产（Legacy）：如图46所示。

图46

MAYA Render View 即 MAYA渲染视图。

模式（Mode）：该选项可以选择启用、禁用或者指定AOV，仅用于批处理渲染。

渲染AOV视图（Render View AOV）：可以选择在渲染视图中预览的AOV通道。

AOV着色器（AOV Shaders）：可以定义着色器列表，这些着色器将在常规曲面着色器之后进行计算。这样，就可以通过添加着色器来设置特定的AOV。

输出去噪AOV（Output Denoising AOVs）：自动输出Arnold中可选的AOV去噪器，包括多层exr和kick去噪。

要注意的是该设置必须在exr中渲染，并且需要启用合并AOV，如图47所示。

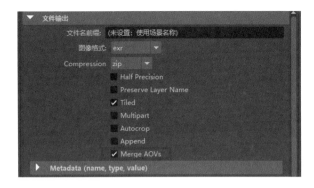

图47

AOV浏览器（AOV Browser）：AOV浏览器可以激活渲染所需的AOV，可以选择添加自定义AOV。Arnold提供内置的系统AOV，无论使用哪种着色器，这些AOV始终可用，如图48所示。

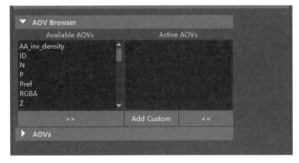

图48

每个AOV都包含部分照明信息，在合成中，这些AOV可以单独修改并添加在一起，最后获得完整的效果成品。更多的AOV在后期合成中会提供更多的控制，但也需要处理额外的工作，并且它们会占用更多的内存和磁盘空间。

AOV：在AOV浏览器下，更详细地列出信息，如图49所示。

图49

每个AOV信息由三个节点组成：AOV节点本身、关联的驱动程序（driver）节点和筛选器（filter）节点。单击最右侧的三角形，将出现菜单栏，在其中，可以进行选择AOV、添加新的输出驱动程序和移除AOV的操作。

由于驱动程序和筛选器节点与AOV节点是分开的，

因此，可以通过向该AOV节点添加额外的驱动程序节点，来为每个AOV添加多个输出格式，比如，可以在同一AOV中输出exr和jpg。在某些情况下，AOV输出中的这种额外灵活性非常有用，如图50所示。

图50

（5）渲染设置的第五个选项集Diagnostics

该选项集中的设置可以监控、排除故障和优化Arnold渲染。

日记（Log）：Arnold会生成一个日记，记录渲染图像的所有步骤以及渲染器遇到的任何警告和错误信息。

详细级别（Verbosity Level）：指定日记消息中的信息量，其中警告最少，调试最多，如图51所示。

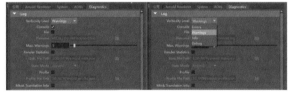

图51

错误（Errors）：仅显示错误信息。

警告（Warnings）：显示错误和警告信息，为系统默认选项。

信息（Info）：显示错误、警告、统计信息以及任何不会减慢呈现速度的信息。

调试（Debug）：显示所有信息，该选项会增加渲染时间。

控制台（Console）：在MAYA的输出窗口（在Windows上）中显示记录。

文件（File）：勾选后，记录会保存在指定的文件中。

文件名（Filename）：指定Arnold日记文件的输出路径。

警告上限（Max. Warnings）:限制发送到日记记录中警告信息的数量。

呈现统计数据（Render Statistics）：以文件的形式呈现统计数据。

统计文件路径（Stats File Path）：统计文件储存路径。

统计模式（Stats Mode）：数据统计的类型。

配置文件（Profile）：配置文件勾选。

配置文件路径（Profile File Path）：配置文件储存路径。

MtoA翻译信息（MtoA Translation Info）:在IPR更新等期间，转储来自MtoA的调试信息。

错误信息统计分析处理（Error Handling）:如图52所示。

图52

出错时中止（Abort On Error）:勾选该选项，一旦检测到错误，渲染就会停止。建议勾选。

纹理错误颜色（Texture Error Color）:用于反馈纹理的错误颜色。

NaN错误颜色（NaN Error Color）:用于反馈NaN的错误颜色。

用户选项（User Options）:这是一个通用属性，由一个字符串组成。可以将此字符串字段设置为覆盖Arnold核心节点的任何参数。

功能覆盖（Feature Overrides）:这组开关允许禁用许多重要的渲染功能。通过有选择地禁用某些功能，可以了解渲染器花费大部分时间的位置，这有助于优化场景，如图53所示。

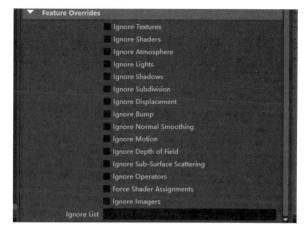

图53

忽略纹理（Ignore Textures）:渲染时忽略所有纹理。

忽略着色器（Ignore Shaders）:渲染时忽略所有着色器。

忽略大气（Ignore Atmosphere）:忽略大气着色器。

忽略光源（Ignore Lights）:忽略所有光源。

忽略阴影（Ignore Shadows）:不需要执行阴影计算。

忽略细分（Ignore Subdivision）:不会细分任何对象。

忽略位移（Ignore Displacement）:位移将会被忽略。

忽略凹凸（Ignore Bump）:忽略凹凸贴图。

忽略运动（Ignore Motion）:忽略所有运动键。

忽略景深（Ignore Depth of Field）:忽略景深计算。

忽略次表面散射（Ignore Sub-Surface Scattering）:忽略次表面散射计算。

强制着色器指定（Force Shader Assignments）:强制MtoA导出带有着色器链接的形状节点。

忽略列表（Ignore List）:此列表中的节点将被忽略。

2. 材质编辑器

Arnold中的材质编辑器（Hypershade）有多种打开方式，首先，我们可以点击顶部菜单栏中的Hypershade图标直接打开，如图54所示。

图54

第二种方式是点击顶部菜单栏中的窗口，在其中找到渲染编辑器，点击Hypershade将其开启，如图55所示。

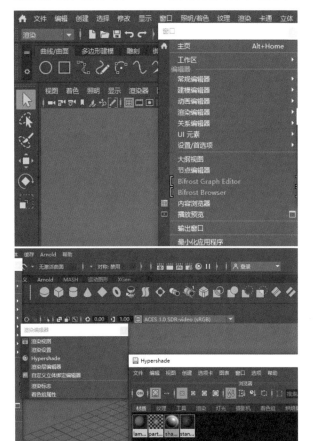

图55

材质编辑器窗口中会出现Arnold相关节点（材质、灯光、贴图），可供选择。在这里，可以创建不同的材质球，编辑贴图、节点、材质的具体参数等都可以在这个面板内完成，它是渲染过程中非常重要的编辑面板，如图56所示。

图56

在这里，系统已经分好了Arnold相关的节点类型，包括纹理（Texture）、灯光（Light）、材质球（Shader）和实用程序（Utility），如图57所示。

图57

（1）纹理（Texture）

选项如图58所示。

图58

单元噪波（aiCellNoise）：这是一种单元噪声模式的着色器，其选项可用作其他多个着色器节点的输入，以产生各种效果。这对创建许多现实世界的图案非常有用，例如大理石、花岗岩、皮革等，如图59所示。

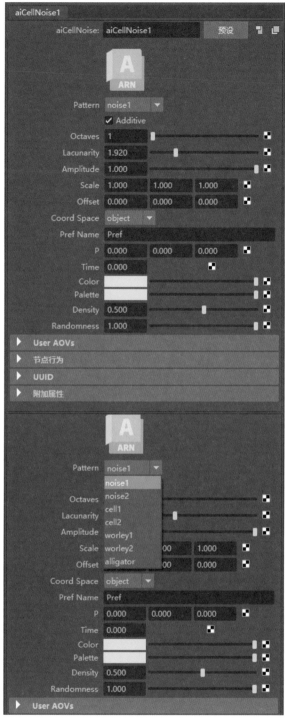

图59

点的Worley Noise。alligato是Worley噪波的另一种变体，如图60所示。

noise1　noise2　cell1　cell2　worley1　worley2　alligato

图60

添加（Additive）：这决定了如何合并不同倍频程的噪波模式。

倍频程（Octaves）：计算噪波函数的倍频程数。分形噪波函数在多个频率下重复，称为倍频程；通常，每个倍频程的频率约为前一个倍频程的两倍，即大小，但可以通过空隙度控制来改变这一点，如图61所示。

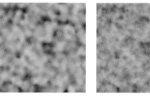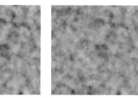

Octaves 1（默认值）　Octaves 2　　Octaves 3

图61 倍频程值效果对比图

真空度（Lacunarity）：控制所生成的纹理图案中间隙的平均大小。空隙度意味着每个八度音阶之间的音阶变化。在音阶中，这是2.0，意味着每个八度的频率是前一个八度音阶的两倍。为了达到我们的目的，我们采用接近2.0的数字，但实际上并非2.0最好。在大多数情况下，我们建议使用默认值为1.92。

波幅（Amplitude）：控制输出的幅度或范围。通常，输出的值介于0和1之间；振幅控制使其成倍增加。

比例（Scale）：控制噪波函数在X、Y和Z方向上的比例。

偏移（Offset）：在X、Y或Z方向上偏移噪波。

坐标空间（Coord Space）：指定要使用的坐标空间。这些坐标包括世界坐标、对象坐标、Pref坐标和UV空间坐标，如图62所示。

模式（Pattern）：该着色器目前提供了七种模式。noise1和noise2是Inigo Quilez的Voronoise，具有静态/动态的特征点。cell1和cell2是具有静态/动态特征点的单元噪波。worley1和worley2是具有最近/第二近的特征

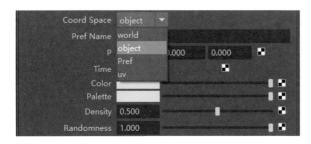

图62

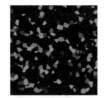

密度值为0.25　　密度值为0.5　　密度值为0.75

图63 密度值效果对比图

对象空间（object）：其中的点相对于对象的局部原点（中心）而言。

世界空间（world）：其中的点相对于场景的全球原点而言。

参考姿势中的顶点（Pref）：它不是真正的空间，而是对绑定姿势的引用（注意：Pref不适用于NURBS曲面）。

UV：用于对使用对象的局部UV坐标进行纹理化。请注意，这将调用更快的2D噪波API，而不是像所有其他坐标空间一样调用3D噪波。

预设名称（Pref Name）：指定引用位置用户数据数组的名称。以前，该名称被硬编码为"Pref"，这仍然是默认值。数组类型可以是RGB/RGBA以及VECTOR。

P：4D分形噪波函数的输入坐标。未定义曲面点时使用（0）。通过将另一个着色器链接到P参数中，可以手动指定任意坐标空间。这一功能应用范围极广，例如，能够对流经对象的图案设置动画，使图案随对象一起移动等。

时间（Time）：噪波随时间平稳变化。这可以用来创建有趣的动画。对于noise1、noise2、cell1和cell2而言，每个单元的强度都会随时间变化。

调色板（Palette）：每个Voronoi单元的颜色是从链接的节点中随机选取的。可以在此处链接包含图像和渐变的任意RGB节点。请注意，这与使用UV的简单纹理不同。

密度（Density）：此参数可用于通过抽取某些单元来创建片状噪声。目前仅适用于cell1和cell2，效果如图63所示。

随机性（Randomness）：如果随机性大于0，则要素点位置会抖动；如果该值接近0，则图案会具有更规则的轴对齐外观。

棋盘格（aiCheckerboard）：一种棋盘格纹理节点，如图64所示。

图64

颜色1（Color1）：用于棋盘格1的颜色。

颜色2（Color2）：用于棋盘格2的颜色。

U频率（U Frequency）：控制纹理在U方向上重复（平铺）的次数。

V频率（V Frequency）：控制纹理在V方向上重复（平铺）的次数。

U偏移（U Offset）：在U方向上偏移棋盘格。

V偏移（V Offset）：在V方向上偏移棋盘格。

对比（Contrast）：两种棋盘格颜色之间的对比。范围是0（两种颜色均取平均值）到1。默认值为1。

过滤器强度（Filter Strength）：指定用于"模糊"棋盘的量。

过滤器偏移（Filter Offset）:缩放筛选器的大小。

UV集（Uvset）:一个字符串，其UV名称设置用于对图像进行采样。默认情况下，当Uvset参数为空时，将使用多网格中设置的主UV。

曲线（aiCurvature）:调节曲线纹理节点，如图65所示。

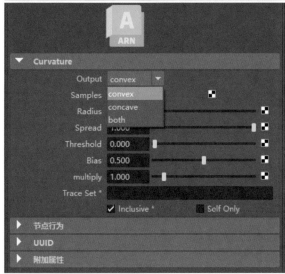

图65

输出（Output）:曲线纹理节点输出模式。凸线（convex）:凸线模式。凹线（concave）:凹线模式。

二者都有（both）:凹凸线共存模式。采样值（Samples）:曲线采样值。半径（Radius）:影响范围。

传播（Spread）。阈值（Threshold）。偏斜

（Bias）。乘以（multiply）。跟踪集（Trace Set）。

薄皮（aiFlakes）:可用于汽车、油漆等材质的程序片状法线贴图的纹理节点。注意，使用aiFlakes薄皮渲染动画时，应启用运动模糊（以避免画面随时间闪烁），如图66所示。

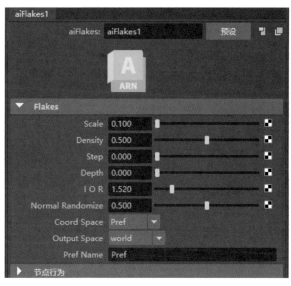

图66

比例（Scale）:向上或向下缩放薄片结构。较小的值会缩小贴图，从而产生较大数量的薄片。

密度（Density）:控制薄片的密度。如果为0，则不会有薄片。

步（Step）:此着色器执行光线行进以计算3D薄皮。这一功能可以指定步长。层数由深度/步长决定。

深度（Depth）:指定光线进入对象内部的深度。

IOR:该值能折射用于光线聚合的光线。这将有助于提供"假"透明度效果，从而避免使用可能增加渲染时间的真实透明度。

正常随机化（Normal Randomize）:在光滑表面法线和随机片法线之间进行混合。

坐标空间（Coord Space）:指定用于计算薄片形状的坐标空间，如图67所示。

图67

默认值（Pref）："参考姿势中的顶点"的缩写。该插件可以将这些顶点传递给Arnold（除了常规的变形顶点之外），着色器可以反过来查询这些顶点，以便纹理"粘附"到参考姿势上，并且不会随着网格分变形而游动。Pref不适用于NURBS曲面。

输出空间（Output space）：指定输出法向量的空间。

预设名称（Pref Name）：指定引用位置用户数据数组的名称。以前，该名称被硬编码为Pref，这仍然是默认值。

图像（aiImage1）：图像节点是通过指定的图像文件来执行纹理映射的颜色着色器。可以控制此框架在曲面上的位置、大小和旋转。可以通过缩放 UV、翻转、换行和交换属性，来控制纹理在框架内的平铺方式，如图68所示。

图68

图片名称（Image Name）：图片文件名。

使用文件序列（Use File Sequence）：渲染时使用一系列图像文件作为动画纹理。默认情况下禁用。

帧（Frame）：连续或者跳过帧数量。

过滤器（Filter）：用于过滤渲染图像文件的纹理插值方法。

Mipmap Bias*：Mip映射偏差偏移计算出的Mip映射级别，从中对图像进行采样。负值将强制采用更大的Mip-Map级别（更清晰的图像），正值将强制采用较小的Mip-Map级别（图像模糊）。

乘以（Multiply）：将图像乘以常量。

偏移（Offset）：均匀地变暗或变亮纹理。

忽略颜色空间文件规则（lgnore Color Space File Rules）：确定在运行颜色管理色彩空间文件规则时，是否应设置色彩空间属性。

自动生成TX纹理（Auto-generate TX Textures）：禁止自动生成.tx纹理的切换开关。

忽略缺少的纹理（lgnore Missing Textures）：如果未找到与UDIM磁贴对应的文件，则默认情况下，渲染将给出错误，并且不会进行。如果选中此选项，则不会给出错误，而是显示"缺少纹理颜色"。

缺少纹理颜色（Missing Texture Color）：当UV超出[0,1]范围时，返回所选颜色。

UV坐标（UV Coordinates）：如图69所示。如果将UV坐标链接到着色器，则参数的评估将用作UV坐标，以对图像进行采样，而不是多边形坐标。

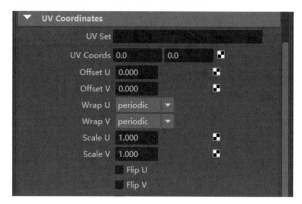

图69

U偏移（Offset U）：在U方向上偏移图像。

V偏移（Offset V）：在V方向上偏移图像。

包裹U（Wrap U）：控制纹理在大表面上沿U方向重复的方式，在周期（periodic）、黑色（black）、固定（clamp）、镜像（mirror）、文件（file）和丢失（missing）之间进行选择，如图70所示。

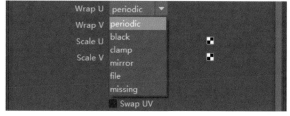

图70

包裹V（Wrap V）：控制纹理在大表面上沿V方向重复的方式，在周期（periodic）、黑色（black）、固定（clamp）、镜像（mirror）、文件（file）和missing

（丢失）之间进行选择，如图71所示。

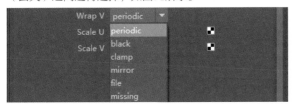

图71

U级（Scale U）:缩放U方向图像。

V级（Scale V）:缩放V方向图像。

翻转U（Flip U）:在水平方向上翻转（镜像）图像。

翻转V（Flip V）:在垂直方向上翻转（镜像）图像。

交换UV（Swap UV）:交换UV轴。

噪波（aiNoise）:这是一个噪波纹理节点，如图72所示。

图72

八度（Octaves）:计算噪声函数的倍频程数。分形噪声函数在多个频率下重复，称为倍频程；通常每个倍频程的频率约为前一个倍频程的两倍，但可以通过空隙度控制来改变这一点，如图73所示。

 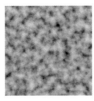

Octaves 1　　　　Octaves 2　　　　Octaves 3

图73 八度值效果对比图

失真（Distortion）:用来定义作为噪波计算的一部分应用于每个点的随机位移程度，从而提供不同的画面效果，如图74所示。

失真值为0　　　　失真值为1　　　　失真值为2

图74 失真值效果对比图

薄膜（aiThinFilm）:模拟薄膜效果的纹理节点。

三平面（aiTriplanar）:该纹理节点通过从六个侧面投影纹理，来快速映射纹理，而无须使用UV贴图，如图75所示。

图75

输出（Input）:这是链接图像或其他纹理节点的位置。

每轴输入（Input Per Axis）:为每个轴使用不同纹理的选项。

变换（Transform）:变换参数选项。

比例（Scale）:缩放图像。

旋转（Rotate）:控制纹理在纹理框架内的旋转程度。

偏移（Offset）:控制纹理在纹理框架内的偏移程度。

坐标空间（Coord Space）：指定要使用的坐标空间，包括世界坐标、对象坐标和Pref坐标。Pref是"参考姿势中的顶点"的缩写。插件可以将这些顶点传递给Arnold（除了常规的变形顶点之外），而Arnold又可以被triplanar着色器查询到，以便被纹理"粘住"到参考姿势，并且不会随着网格变形而游动。

预设名称（Pref Name）：指定引用位置用户数据数组的名称。

混合（Blend）：平滑地将每侧的投影纹理混合在一起。

单元格（Cell）：通过Voronoi单元投影的随机平铺模式。

启用单元格（Enable Cell）：勾选开启该功能。

旋转（Rotate）：用来控制随机化的旋转。

混合（Blend）：用来控制混合宽度。

物理天空（aiPhysicalSky）：该着色器实现了Hosek-Wilkie 天空辐射度模型的变体，包括直接太阳辐射函数。可以将其插入环境或 Skydome 光源的颜色输入，或直接将其添加为环境着色器，如图76所示。

图76

浊度（Turbidity）：浊度决定了空气的整体气溶胶含量，包括灰尘、水分、冰、雾。可用于轻松定义天空外观，并影响太阳和天空的颜色。浊度值范围为1到10，如图77所示。

浊度值为 0　　　　　浊度值为 2

浊度值为"默认"

浊度值为 6　　　　　浊度值为 10

图77 浊度值效果对比图

地面反射率（Ground Albedo）：从行星表面反射回大气层的光量，如图78所示。

地面反射率值为R 0 G 0 B 0.1和R 0 G 0 B 1

图78 地面反射率值效果对比图

海拔（Elevation）：太阳和可观测地平线之间的角度。范围介于0° 和180° 之间（90° 到180° 是0° 到90° 的镜像反射）。

方位角（Azimuth）：太阳围绕地平线的角度。从北面测量，向东增加（0° 至360° ）。

强度（Intensity）：天空辐射度的标量乘数，如图79所示。

强度值为1（默认）　　　强度值为 2

图79 强度值效果对比图

天空色调（Sky Tint）：该功能可以设置天空的颜色，如图80所示。

天空色调白色（默认）

天空色调蓝色

图80 天空色调效果对比图

太阳色调（Sun Tint）：该功能可以设置太阳光的颜色，如图81所示。

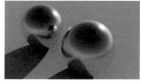
太阳色调白色（默认）

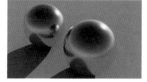
太阳色调黄色

图81 太阳色调值效果对比图

太阳大小（Sun Size）：设置可见光太阳圆盘的大小。出于"艺术"的需要，可以改变太阳的大小。然而，0.51是从地球上看到的太阳的立体角（度）。增加此值会增加太阳的面积，创建出更柔和的阴影，如图82所示。

太阳大小值为 0.51（默认）

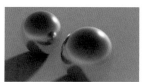
太阳大小值为 6

图82 太阳大小值效果对比图

启用太阳（Enable Sun）：启用/禁用太阳可见性的切换开关，如图83所示。

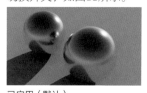
已启用（默认）

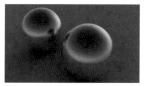
禁用

图83 启用太阳效果对比图

（2）灯光（Light）

使用Arnold 进行渲染时，可以使用标准MAYA光源。如果选择光源，然后检查MAYA A属性编辑器以及常规光源属性，还将看到光源的一组新的Arnold属性，可在其中使用Arnold的任何其他设置，如图84、图85所示。

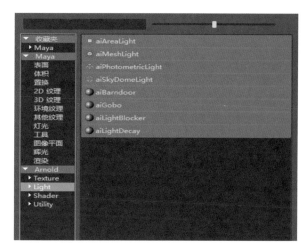
图84

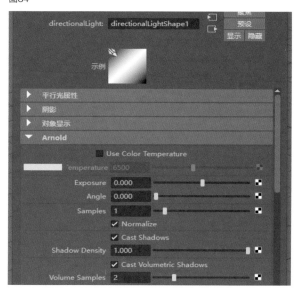
图85

需要注意的是，Arnold不支持MAYA恒定的灯光衰减。但是，Arnold的区域光源（aiAreaLight）的四边形（quad）和磁盘（disk）模式下的扩散（Spread）可以解决该问题。当设置为较低值时，将实现类似于恒定衰减的效果。

Arnold常见光源属性：除了遵守标准的MAYA光源属性外，属性编辑器还将在Arnold组下显示以下属性，如图86所示。

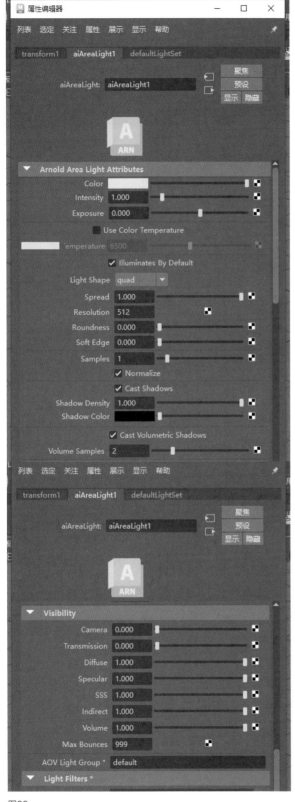

图86

使用色温（Use Color Temperature）:理想黑体散热器的温度以开尔文（国际单位制中的温度单位，符号为K）为单位，用于确定光源的颜色。默认颜色设置为6500K，国际生态委员会（CIE）将其视为白点。颜色范围从红色到白色，再到蓝色。高于6500K的值将呈现冷色，而低于6500K的值将显示暖色，如图87所示。

图87

这里值得注意的是使用色温将覆盖光源的默认颜色，包括链接在灯光颜色属性上的所有纹理。

曝光（Exposure）:曝光是一个光圈值，它的计算公式为intensity×2 exposure。曝光增加1，会导致光源量增加一倍。在Arnold中，光的总强度使用color×intensity×2 exposure进行计算。可以通过修改强度或曝光，来获得相同的输出。例如，强度1、曝光4，与强度16相同。

采样值（Samoles）:控制柔和阴影中的噪点质量，并直接影响到高光。采样数值越高，噪声越低，渲染所需的时间就越长。

规范化（Normalize）: 如果启用，将可以通过更改光源的大小（即半径）来调整阴影柔和度，而不会影响发射的光量。这对于效果控制来说非常方便。如果未启用，则发射的光量与光的表面积将成正比。

投射阴影（Cast Shadows）:支持计算从光源投影出的阴影，如图88所示。

启用（默认）　　　　　　　禁用

图88 投射阴影效果对比图

阴影密度（Shadow Density）：用来设置阴影密度或强度。这将控制阴影与投射阴影的材质的混合方式。值为1.0时将生成不透明的黑色阴影，值为0时则不表示阴影，如图89所示。

阴影密度值为0　　　　　　阴影密度值为0.5

阴影密度值为1（默认）

图89 阴影密度值效果对比图

阴影颜色（Shadow Color）：用来设置阴影的每个颜色通道的强度。默认为黑色，如图90所示。

黑色（默认）　　　　　　　红色

图90 阴影颜色效果对比图

施放体积阴影（Cast Volumetric Shadows）：确定是否计算体积阴影。

体积采样（Volume Samples）：体积采样参数处理的是用于积分直射光内散射的样本数量。

可见度（Visibility）：灯光会对相机（Camera）、

透射（Transmission）、漫反射（Diffuse）、镜面反射（Specular）、SSS、间接（Indirect）和体积（Volume）等组件的效果显示权重进行参数控制，如图91所示。

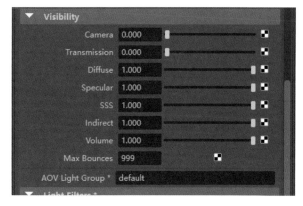

图91

最大反弹次数（Max Bounces）：允许来自此光的能量在场景中反弹的最大次数。最大反弹值为0表示光源将仅是直接照明计算的一部分，从而有效地禁用此光源的GI。请注意，此值与全局光线深度控件一起工作，因此，每个光源999次反弹的默认值只是理论最大值。

AOV灯光组（AOV Light Group）：每个光源都有一个AOV参数，该参数会将光源效果写出到具有相应名称的单独AOV中。

区域光（aiAreaLight）：在MtoA中使用Arnold面光源有两种方法。可以添加常规的MAYA区域光源，在这种情况下，Arnold将假定为矩形光源；或者如果需要不同的形状，则可以将光源节点类型更改为ai区域光源。

区域光是一种自定义的Arnold光源，能够根据不同的预设形状，如四边形、圆柱以及磁盘，创建出逼真的照明效果，如图92所示。

四边形　　　　　　圆柱　　　　　　磁盘

图92 预设形状灯光效果图

四边形（Quad）：模拟来自区域光源（由四个顶点指定的四边形）的光源。它可用于模拟来自扩展光源（荧光灯条）的光，或者在某些情况下模拟从窗户照进来的户外光，如图93所示。

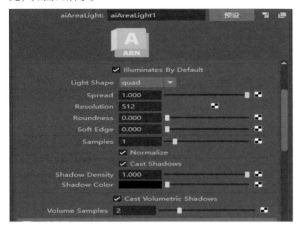

图93

灯光属性栏除了遵循标准的MAYA光源属性外，属性编辑器还将在Arnold组下显示以下属性。

分辨率（Resolution）：当灯光着色器链接到quad_light时，Arnold将自动构造重要性采样表，允许根据纹理的亮度进行有效采样，从而大大降低采样噪声，尤其是在使用HDRI纹理时。分辨率的默认值为512，如果使用彩色图像作为输入，则无须将此值设置为高于传递给color参数的图像的分辨率。

扩散（Spread）：发出沿法线方向聚焦的光。默认扩散值为1时会给出漫射发射，而较低的值则使光线聚焦更多，直到它在值为0时变成几乎类似于激光的光束。目前不支持值为0的全聚焦激光束，始终存在很小的最小扩散。

圆度（Roundness）：将数值从0的四边形更改为数值为1的圆盘，如图94所示。

圆度值为0　　　　　　　圆度值为0.5

圆度值为1

图94 圆度值效果对比图

软边（Soft Edge）：指定光源边缘的平滑衰减。该值

指定柔和边缘的宽度，从数值为0时的没有软边，一直到平滑衰减到数值为1时的光照中心，如图95所示。

软边值为0　　　　　　　软边值为1

图95 软边值效果对比图

圆柱（cylinder）：圆柱体光源形状模拟来自圆柱形区域光源（管形）的光源。灯光属性栏除了遵循标准的MAYA光源属性外，属性编辑器还将在Arnold组下显示某些属性，如图96所示。

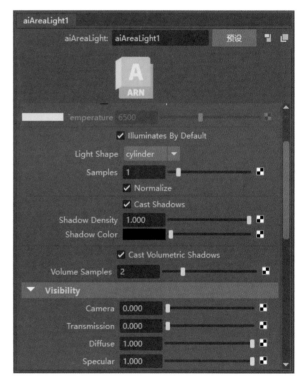

图96

增加圆柱体光照的大小，将创建更大的区域光照尺寸，因此将柔化垂直于圆柱体轴线的阴影。圆柱灯将始终是圆形的，无法通过缩放宽度来创建椭圆，如图97所示。

放大 　　　　　　　　 缩小

图97 圆柱尺寸大小值效果对比图

磁盘（disk）:磁盘光源形状模拟来自圆形区域光源（平面磁盘）的光源。

网格光（aiMeshLight）:在传统光线形状不够的情况下，网格灯可以实现更多更丰富的灯光效果。

值得注意的是，网格光源在使用的时候是有限制的，它是基于多边形对象而生成的，但网格光会忽略多边形对象上的平滑效果。NURBS曲面也不能使用网格光。

要创建网格光源，先要选择多边形网格，然后在顶部菜单栏处找到Arnold下的Lights，点击里面的Mesh Light进行创建，如图98所示。该创建出的网格光源具有常规光源的相同属性，如图99所示。

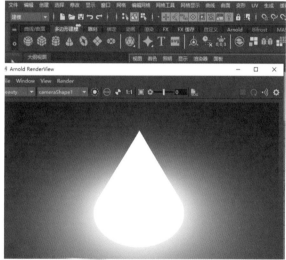

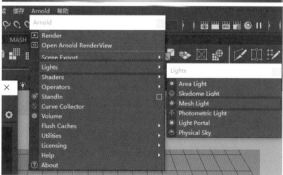

图98

图99

在网格中（In Mesh）:显示用作网格光源的形状的名称。

显示原始网格（Show Original Mesh）:显示和渲染为表示网格光源而选择的原始网格形状。

可见光（Light Visible）:使摄影机中的光源显示可见，如图100所示。

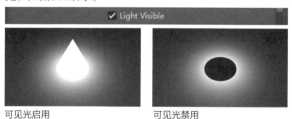

可见光启用 　　　　　　　 可见光禁用

图100 可见光开启禁用效果对比图

光度学灯（aiPhotometricLight）:光度学灯使用从真实世界灯光测量的数据，通常直接来自灯泡和外壳制造商。您可以从Erco、Lamp、Osram和Philips等公司导入IES配置文件，为给定的光模型提供准确的强度和扩散数据。光度学灯在室内照明和室内设计中使用得比较多，如图101所示。

图101 照明配置文件

光度测量文件（Photometry File）:可以自定义光分布的IES光源配置文件，如图102所示。

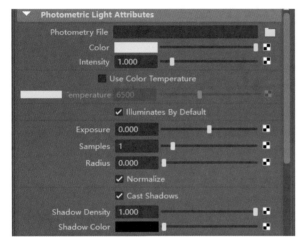

图102

天穹顶光（aiSkyDomeLight）:此选项模拟来自场景上方球体或圆顶的光，代表天空。它还可以与高动态范围（HDR）图像一起使用，以执行基于图像的环境照明活动。这是通常用于照亮外部场景的节点，如图103、图104所示。

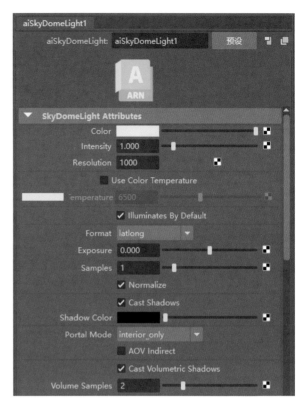

图103

图104

颜色（Color）:光的颜色。

强度（Intensity）:强度通过乘以颜色来控制由光源发出的光的亮度。

分辨率（Resolution）:分辨率控制天穹反射的细节。为了获得最准确的结果，必须将天穹顶光光分辨率设置为与HDRI图像分辨率相匹配，但在许多情况下，可以将其设置得更低，从而不会在反射中明显丢失细节。默认情况下，该参数设置为1000。分辨率参数越高，天穹顶光预先计算光源的重要性所需的时间就越长，这会增加场景启动时间。

默认照明（Illuminates By Default）:开启和禁用天穹顶光的灯光照明。

格式（Format）:链接映射的类型。可以设置lat long "默认"、mirrored_ball或angular。

门户模式（Portal Mode）：定义穹顶灯光如何与灯光门户相互作用。

关闭（Off）：关闭灯光门户。

仅限内部（interior_only）：阻挡门户外部的任何光线，仅用于内部场景。

内部和外部（interior_exterior）：让外部门户通光，实现室内和室外混合场景。

AOV间接光照（AOV Indirect）：输出间接光AOV。默认情况下，天穹顶光将输出到定向光AOV。

遮光板（aiBarndoor）：此滤镜片只能与聚光灯一起使用。遮光板是不透明的移动面板，链接到灯口的两侧。遮光板有四个翻板，每个翻板有三个参数。

首先创建MAYA的聚光灯和多边形平面。将聚光灯对准平面，在视图中按键盘上的数字7键，场景中会切换为灯光显示模式，如图105所示。这样可以清楚地看到灯光的光照效果。

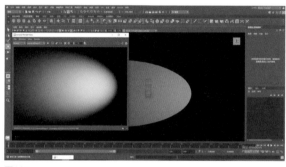

图105

在聚光灯的属性编辑器中，向下滚动到Arnold下的灯光滤镜（Light Filters）下，点击Add，在跳出的Add Light Filter窗口下选择Barndoor进行Add添加效果，如图106、图107所示。

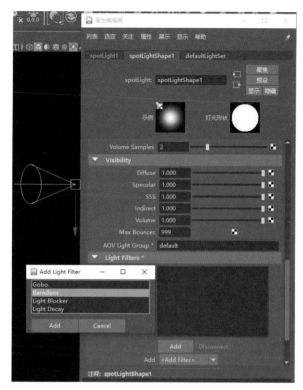

图106

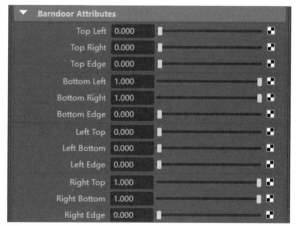

图107

左上角（Top Left）：将顶部遮光板的左上角移动到灯光的表面上。

右上角（Top Right）：将顶部遮光板的右上角移动到灯光的表面上。

顶部边缘（Top Edge）：控制顶部翻盖的边缘柔软度。

左下角（Bottom Left）：将底部遮光板的左下角移到灯光的正面。

右下角（Bottom Right）：将底部遮光板的右下角

移到灯光的正面。

底部边缘（Bottom Edge）:控制底部翻盖的边缘柔软度。

左上（Left Top）:将左边遮光板的顶角移动到灯光的表面上。

左下角（Left Bottom）:将左边遮光板的底角移动到灯光的表面上。

左边缘（Left Edge）:控制左翻盖的边缘柔和度。

右上（Right Top）:将右边遮光板的顶角移动到灯光的表面上。

右下角（Right Bottom）:将右边遮光板的底角移动到灯光的表面上。

右边缘（Right Edge）:控制右翻盖的边缘柔软度。

图案滤光片（aiGobo）:图案滤光片只能与聚光灯一起使用。在计算机图形学世界中，图案滤光片有时被称为"幻灯机"或"投影仪灯"。但请注意，在Arnold中，图案滤光片本身不是光源，而是被应用于聚光光源的滤光片。任何纹理贴图或程序着色器都可以通过光源进行投影。

和上一个遮光板（aiBarndoor）的添加方式一样，从聚光灯的属性编辑器中的Arnold下的灯光滤镜（Light Filters）下，点击Add，在跳出的Add Light Filter窗口下选择Barndoor进行Add添加效果，如图108所示。

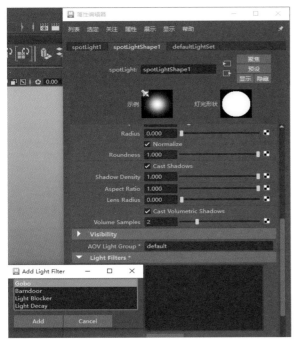

图108

过滤模式（Filter Mode）:将图案滤光片的幻灯片映射与灯光输出相结合的混合方程，如图109所示。

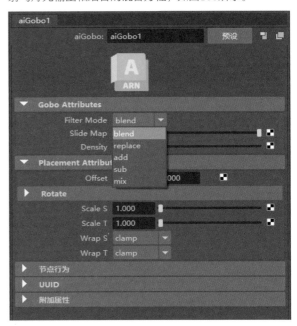

图109

幻灯片贴图（Slide Map）:用于创建图案滤光片效果的纹理贴图，如图110所示。

无幻灯片贴图　　　　　　带幻灯片贴图

图110 幻灯片贴图效果对比图

密度（Density）:控制图案滤光片的密度。较高的值将使图案轮更加不透明，从而使较少的光线通过，如图111所示。

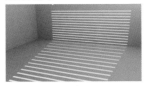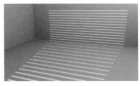

密度值为0（默认）　　　　密度值为0.5

密度值为0.75

图111 密度值效果对比图

偏移（Offset）：用于偏移幻灯片贴图方向上的UV坐标值。

旋转（Rotate）：旋转贴图方向。

范围S（Scale S）：在S方向上缩放用于幻灯片贴图的纹理。

范围T（Scale T）：在T方向上缩放用于幻灯片贴图的纹理。

包裹S（Wrap S）：控制如何在S方向的曲面上重复2D纹理贴图。

包裹T（Wrap T）：控制如何在T方向的曲面上重复2D纹理贴图。

遮光罩（aiLightBlocker）：遮光罩可以用来在场景中遮罩光线，而无须添加其他多边形几何体。它提供了一定程度的艺术自由度，可以以非物理方式定义光线边界。

它是一个光滤镜，由它指定在"几何类型"（如框、球体、圆柱体或平面）中光的基本体积，通过该体积块的光线将被阻挡或修改，如图112所示。

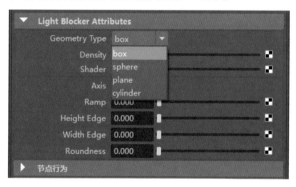

图112

几何类型（Geometry Type）：确定阻挡光的形状。遮光罩可以是盒子（box）、球体（sphere）、平面（plane）或圆柱体（cylinder），如图113所示。

盒子

球体

平面

圆柱体

图113 几何类型效果对比图

密度（Density）：此值是指衰减效果的强度，如图

114所示。

密度值为0.2

密度值为0.5

密度值为1

图114 密度值效果对比图

着色器（Shader）：在此处可以插入用作遮罩效果着色器的输出。

轴（Axis）：根据设定的X、Y、Z方向衰减遮罩效果。

渐变（Ramp）：沿渐变轴方向应用的渐变乘数的大小。

高度边缘（Height Edge）：衰减（light blocker）高度的边缘。

宽度边缘（Width Edge）：衰减（light blocker）宽度的边缘。

圆度（Roundness）：增加平面遮光罩的圆形。

光度衰减（aiLightDecay）：该滤镜可以添加到所有Arnold灯光中。默认情况下，Arnold中的所有光源都使用基于物理的衰减，但此滤镜可通过调整衰减，以符合制作的效果，如图115所示。

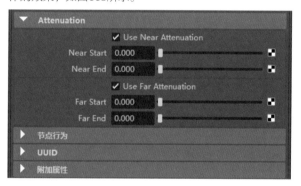

图115

使用近衰减（Use Near Attenuation）："近衰减"值设置光强度"淡入"的距离。它的工作原理就像一个反向衰变。光线不会从光源照射到"近衰减"的"开始"范围，然后增加亮度，直到"近衰减"的"结束"范围，如图116所示。

近衰减值为13

近衰减值为20

近衰减值为30

图116 使用近衰减值效果对比图

使用远衰减（Use Far Attenuation）：远衰减值设置灯光"淡出"的距离。它的工作方式类似于正常的衰减，但可以指定开始和结束的距离，如图117所示。

远衰减值为 13

远衰减值为20

远衰减值为30

图117 使用远衰减值效果对比图

近起点（Near Start）：光线开始淡入的距离。
近终端（Near End）：光线达到其全部值的距离。
远起点（Far Start）：光线开始淡出的距离。
远终端（Far End）：光线淡出到光源的距离。

（3）材质球（Shader）

环境光遮蔽OCC（aiAmbientOcclusion）：环境光遮蔽是全局照明的近似值，它模拟对象漫反射之间复杂的相互作用。虽然在物理上不准确（对使用全局照明而言），但此着色器渲染速度很快，可以产生逼真的效果，如图118所示。

环境光遮蔽实质上发射出由着色点的切平面定义的上半球中的许多光线，并将命中率除以总光线的比率作为颜色返回。

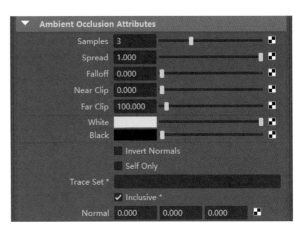
图118

采样（Samples）：控制将发射的光线的数量，以计算光线命中/总比率。增加采样值将减少噪点，并提供更好的画面质量效果。

扩散（Spread）：在0到1值的范围内，围绕法线向量角度扩散。其中，1值将映射到90°（整个半球）。

衰减（Falloff）：沿射线距离遮挡的指数衰减率，如图119所示。

衰减值为1

衰减值为2

衰减值为10

图119 衰减值效果对比图

近剪裁（Near Clip）：采样的最小遮挡距离，如图120所示。

近剪裁值为0

近剪裁值为1

近剪裁值为2

图120 近剪裁值效果对比图

远剪裁（Far Clip）：采样的最大遮挡距离，如图121所示。

远剪裁值为1

远剪裁值为2.5

远剪裁值为5

图121 远剪裁值效果对比图

白（White）：当光线命中/总光线的比率为0时，通常输出被认为是完全未闭塞或明亮。当光线命中/总光线的比率为0时，通常输出被认为是完全未闭塞或明亮，如

图122所示。

白值为0.25　　　　白值为0.5　　　　白值为1

图122 白值效果对比图

黑（Black）：光线命中/总光线的比率为1（完全遮挡）时的输出颜色。对于特定外观，可以将Black属性更改为黑色以外的其他颜色。

反转法线（Invert Normals）：该功能可以更改被追踪光线的方向。

仅限自身（Self Only）：仅收集对于同一对象的遮挡。

跟踪集（Trace Set）：用来定义要跟踪或避免的对象集的字符串标签。

包容（Inclusive）：如果勾选启用，跟踪将在非独占模式下工作，否则以独占模式工作。

正常（Normal）：输出可链接到ambocc、lamber和standard_surface着色器中的正常参数的法向矢量。

AXF着色器（aiAxfShader）：AXF着色器可以导入MAYA中，以便通过aiAxfShader与MtoA一起使用，如图123所示。

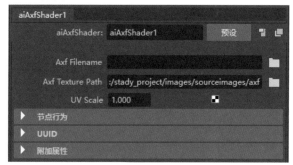

图123

Axf文件名（Axf Filename）：被应用于曲面的.axf文件的路径。

Axf纹理路径（Axf Texture Path）：放置从.axf文件中提取的纹理路径。

UV尺寸（UV Scale）：控制纹理如何环绕对象。值越高，纹理在对象表面上的重复次数就越多。

车漆材质（aiCarPaint）：该着色器常用于创建各类汽车车漆材质。它支持三层效果：基础层（Base）、镜面反射层（Specular）和薄片层（Flakes），如图124所示。

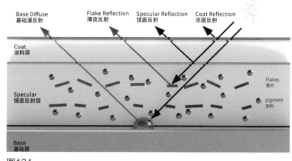

图124

值得注意的是，当薄片变得小于一个像素时，可能会在动画中出现错误的渲染结果。增加相机（AA）采样，可以减少远处忽闪忽闪的薄片效果。

车漆材质（aiCarPaint）相关参数如图125所示。

图125

基础（Base）：基础设置。

权重（Weight）：基础底漆层权重颜色，如图126所示。

权重值为0　　　　权重值为0.5　　　　权重值为1

图126 权重值效果对比图

颜色（Color）：基础底漆层的颜色。

粗糙度（Roughness）：基础底漆层表面粗糙度。

镜面（Specular）：反射参数，控制反光的强度。

权重（Weight）：镜面漆层的权重颜色。

颜色（Color）：镜面反射的颜色，该颜色可对基础底漆层的镜面反射高光进行颜色调整。

触发器（Flip-Flop）：在此处可以链接渐变着色器，可以自定义调制来自底漆的镜面反射。这里也可以用来模拟珠光效果。

光面颜色（Light Facing Color）：面向光源的区域的底漆镜面反射颜色。

衰减（Falloff）：基础镜面反射涂层的光面颜色的衰减率。值越高，区域越窄。

粗糙度（Roughness）：控制底漆层的镜面反射的光泽度。该值越低，反射效果越清晰。值为0时会出现完全清晰的镜面反射。值为1时则是接近漫反射的反射效果。

IOR：底漆的折射率。IOR对于不同的材料具有固定值，并确定通过材料时光的折射或弯曲程度。

传输颜色（Transmission Color）：模拟颜料引起的光衰减，该值越低，颜料密度越高。

薄片（Flakes）：在一个高反射物体上的一种类似薄片的反射形态选项。

片状颜色（Color）：镜面反射将被调制的颜色。使用此颜色可以"着色"薄片中的镜面反射高光。

红色　　　　　绿色　　　　　蓝色

图127 片状颜色效果对比图

触发器（Flip-Flop）：在此处可以链接渐变着色器，可以自定义调制薄片的镜面反射，如图128所示。

图128

光面颜色（Light Facing Color）：调制面向光源的区域的薄片的镜面反射颜色。

衰减（Falloff）：片状的浅色的衰减率。该值越高，区域越窄，光面颜色为蓝色，如图129所示。

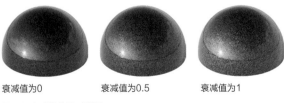

衰减值为0　　　衰减值为0.5　　衰减值为1

图129 衰减值效果对比图

粗糙度（Roughness）：控制薄片镜面反射的光泽度。该值越低，反射越清晰。在限制中，0值将为您提供

完全清晰的镜像反射，而1.0将创建接近漫反射的反射，如图130所示。

IOS：薄片的折射率。

IOS值为1　　　　IOS值为2　　　　IOS值为3

图130 IOS值效果对比图

尺寸（Scale）：向上或向下缩放片状结构。较小的值会缩小地图，从而获得较多的薄片，如图131所示。

尺寸值为0.001（默认）　尺寸值为0.01　　尺寸值为0.05

图131 尺寸值效果对比图

密度（Density）：控制薄片的密度。如果为0，则不会有薄片，如图132所示。

密度值为0（默认）　　密度值为0.1　　密度值为0.5

图132 密度值效果对比图

层（Layers）：指定片状层数。深层的薄片被最靠近表面的薄片覆盖，如图133所示。

层1　　　　　层2　　　　　层3

图133 层效果对比图

正常随机化（Normal Randomize）：随机化薄片的方向。

坐标空间（Coord Space）：指定用于计算薄片形状的坐标空间，如图134所示。

图134

世界（world）：点是相对于场景的全球原点而言的。

对象（object）：相对于对象的局部原点（中心）表示点。

默认值（Pref）："参考姿势中的顶点"的缩写。插件可以将这些顶点传递给Arnold（除了常规的变形顶点之外），而Arnold又可以被着色器查询，以便纹理"粘住"到参考姿势，并且不会随着网格的变形而游动。（Pref不适用于NURBS曲面。）

预设名称（Pref Name）：指定引用用户数据的名称。

覆盖（Coat）：在高光层上再覆盖一层高光控制效果。

权重（Weight）：此属性用于覆盖材料。它充当底漆和底漆层顶部的透明涂层。涂层始终是反射的（具有给定的粗糙度），并且假定为电介质。

颜色（Color）：涂层透明度的颜色。

粗糙度（Roughness）：控制镜面反射的光泽度。该值越低，反射越清晰。在限制中，值0将为您提供完全清晰的镜像反射，而1.0将创建接近漫反射的反射。

IOR：该参数定义的是材料的菲涅耳反射率，默认情况下使用的是角度函数。实际上，IOR定义的是面向查看者的曲面和曲面边缘上的反射之间的平衡。

法线（Normal）：涂层法线会影响基底上外套的菲涅耳混合，因此，根据法线，基底从特定角度或多或少可见。"普通涂层"的用途可能是在更光滑的基底上涂上凹凸不平的涂层。

aiClipGeo：此着色器将根据分配给它的形状，剪掉所有几何图形。您可以限制受追踪集影响的对象，还可以选择为交叉曲面选择特定的着色器。

平的（Ai Flat）：一个简单的颜色着色器节点，只允许一种没有其他效果的颜色，如图135所示。

图135

颜色（Color）：输入颜色。

Lambert材质球（AiLambert）：最基础的颜色着色器。

图层着色器（AiLayerShader）：图层着色器用于将

最多8个着色器混合在一起。它根据Alpha属性返回第1层和第2层的线性插值。Alpha值为0时表示第1层，值为1时输出第2层，值为0.5时表示在第1层和第2层之间均匀混合。每个层都有一个用于激活/停用给定层的标志。着色器需要表面着色器作为其输入，并且还混合不透明度。图层按顺序应用，如图136所示。

图136

启用（Enable）：完全启用/禁用图层。

名称（Name）：图层名称。

输入（Input）：图层的输入值。

混合（Mix）：控制着色器之间的混合量。

材质X着色器（aiMaterialXShader）：可以打开材质X着色器，并应用于材质外观，如图137所示。

图137

MaterialX文件名（MaterialX Filename）：.mtlx后缀的文件路径。

材料（Materials）：应从MaterialX文档中使用的当前材质外观变体名称。

遮罩着色器（AiMatte）：用来控制遮挡和产生效果遮罩。遮罩选项，可以通过使alpha渲染为0来创建并保持效果，如图138所示。

图138

直通（Passthrough）:允许在着色器网络中进行并行计算。

颜色（Color）:更改遮罩的颜色。

不透明度（Opacity）:此值能更改Alpha数值（从0到1）。

混合着色器（Ai Mix Shader）:此着色器用于混合或添加两个着色器（包括浅色AOV）。根据Mix Weight属性，返回shader1和shader2的线性插值。Mix Weight值为0时，将输出着色器1；值为1时，输出着色器2。值为0.5时，则将在shader1和shader2之间均匀混合，如图139所示。

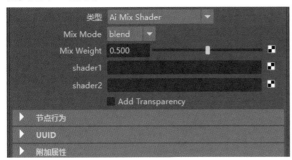

图139

混合模式（Mix Mode）:着色器分层的模式。在混合或添加之间进行选择。

混合权重（Mix Weight）:控制着色器之间的混合量，可分为着色器1、着色器2。

添加透明度（Add Transparency）:以前，混合着色器的添加模式也添加了透明度闭包，这意味着min_pixel_width等效果将被重复计算，从而导致对象消失。现在，我们将仅添加非透明闭包，同时传递透明度闭包的最大值。旧行为仍可通过将添加透明度设置为true来获得。

光线开关（Ai Ray Switch）:该着色器可以对每条光线计算不同的着色器节点。这会降低场景的着色复杂性，从而减少渲染时间，并增加画面效果控制。它可以用于删除不必要的二次光线，使镜面反射光线中的镜面更加光滑。通过控制阴影光线中不透明度的颜色，可以模拟通过组织的光散射，或仅在相机光线中添加第二个镜面反射，如图140所示。

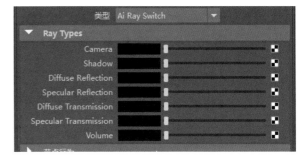

图140

相机（Camera）:在此处插入计算相机光线时要使用到的着色器的输出。

阴影（Shadow）:对对象上的透明阴影进行的着色器计算。此参数的用途可以是将光线开关着色器链接到标准曲面着色器的opacity参数。这样可以得到与对象的实际透明度不同的阴影。

漫反射（Diffuse Reflection）:在此处插入计算漫反射光线时要使用到的着色器的输出。

镜面反射（Specular Reflection）:在此处插入计算光泽光线时要使用到的着色器的输出。

漫反射传输（Diffuse Transmission）:在此处插入计算漫反射透射光线时要使用到的着色器的输出。

镜面反射传输（Specular Transmission）:在此处插入计算镜面反射的射光线时要使用到的着色器的输出。

体积（Volume）:在此处插入计算体积光线时要使用到的着色器的输出。

阴影蒙版（Ai Shadow Matte）:这是一个特定的着色器，通常用于在地板平面上从场景的照明中"捕捉"阴影。它也可以用于将渲染对象集成到投影背景上，用于创建自定义阴影通道，用于单独渲染阴影，以便在后期合成中使用，如图141所示。

图141

背景（Background）:可以在scene_

background "默认" 或background_color中进行选择设置，可以在background_color参数中链接特定纹理。

阴影（Shadows）：如图142所示。

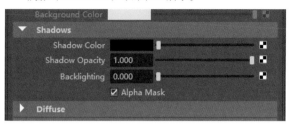

图142

阴影颜色（Shadow Color）:可以设置着色阴影的颜色，如图143所示。

黑色（默认）　　　　　　　蓝色

图143 阴影颜色值效果对比图

阴影不透明度（Shadow Opacity）:确定阴影的不透明或暗度。值越高，产生的阴影越亮。

逆光（Backlighting）:启用后，它会考虑到背光照明。背光提供了从后面照亮半透明物体的效果（着色点被该点照射到物体背面的指定部分光线"照亮"）。建议仅将其用于薄对象（单面几何），因为厚度较大的对象可能会被错误地渲染。

Alpha遮罩（Alpha Mask）:用来控制Alpha是不透明的还是包含阴影蒙版，如图144所示。

 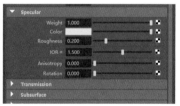

勾选启用（默认）　　　　禁用

图144 Alpha遮罩值效果对比图

漫反射（Diffuse）：如图145所示。

图145

漫反射颜色（Color）:用于确定场景中整体间接漫反射贡献的颜色。

漫反射强度（Intensity）:漫反射贡献量。

使用背景（Use Background）:如果勾选启用，背景色将用于确定场景中的总体间接漫反射贡献。否则，将使用漫反射颜色中定义的颜色。

间接扩散（Indirect Diffuse）:用于启用/禁用间接漫射光捕获的开关。

镜面反射（Specular）:镜面反射参数，如图146所示。

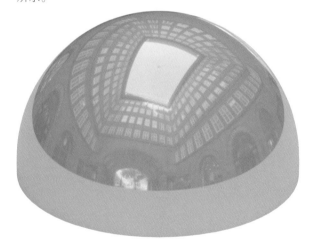

图146

间接镜面反射（Indirect Specular）:用于启用/禁用间接镜面反射光捕获的开关。

镜面颜色（Color）:用于启用/禁用间接镜面反射光捕获的开关。

镜面反射强度（Intensity）:镜面反射权重。会影响镜面反射高光的亮度。

镜面粗糙度（Roughness）:控制镜面反射的光泽度。该值越低，反射越清晰。

灯（Lights）:灯光组控制。

灯光组（Light Group）:灯光组阴影遮罩。

AOVs:可用于阴影遮罩着色器的可用AOV列表。每个选项都为该组件创建单独的AOV渲染通道。值得注意的是，必须在渲染设置窗口中启用AOV，如图147所示。

图147

阴影（Shadow）:光影AOV。

阴影差异（Shadow Diff）:一个阴影差异AOV，可用于消除直接组件的阴影。

阴影蒙版（Shadow Mask）:此AOV可通过复合来定位和调整阴影。

标准头发材质（Ai Standard Hair）:这是一个基于物理的着色器，用于渲染头发和毛发，通过对基色、粗糙度和折射率设置几个简单参数，可获得逼真的效果，如图148所示。

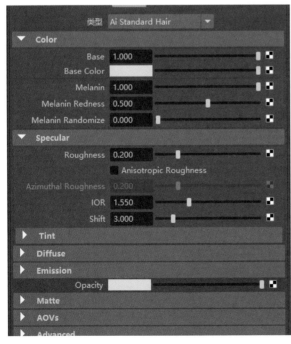

图148

颜色（Color）:颜色参数，可选择不同色彩。

基础颜色（Base Color）:头发的颜色。它控制了头发纤维内部的吸收，当光线散射到周围时，头发就会变色。

黑色素（Melanin）:黑色素参数用于通过控制头发中黑色素的量，来生成自然的头发颜色。颜色范围从数值0.2左右的金色到数值0.5左右的红色和棕色，再到数值1.0的黑色。如果要通过纹理贴图控制头发颜色，请将黑色素数值设置为0，并改用基色。

黑色素发红（Melanin Redness）:可控制头发发红。

黑色素随机化（Melanin Randomize）:随机化头发纤维中黑色素的含量。

反射（Specular）:反射参数，控制反光的强度。

粗糙度（Roughness）:控制头发镜面反射和透射的粗糙度。值越低，镜面反射高光越清晰、越亮；值越高，高光越柔和。

各向异性粗糙度（Anisotropic Roughness）:勾选启用此选项，可以使用此功能。禁用时，粗糙度可同时控制方位角分布和纵向分布。

转变（Shift）:毛发纤维上的鳞片角度，将初级和次级镜面反射从完美的镜面方向移开。为了获得人类毛发的真实结果，应使用介于0到10之间的小角度（动物毛皮的值可能不同）。

下面有一些Shift建议值可供参考：皮埃蒙特的Shift建议值为2.8，浅棕色欧式的为2.9，深棕色欧式的为3.0，中国的为3.6，印度的为3.7，日本的为3.6，非裔美国的为2.3。

色调（Tint）:色调参数，控制不同的色调。

镜面反射色调（Specular Tint）:主要镜面反射贡献的比例，只是将主要镜面反射颜色相乘。

第二个镜面反射色调（2nd Specular Tint）:传输贡献的规模，只是将传输色调相乘。对于逼真和干净的头发，此颜色应设置为白色，以使基色着色透射。

传输色调（Transmission Tint）:传输贡献的规模，只是将传输色调相乘。对于逼真和干净的头发，此颜色应设置为白色，以使基色着色透射。

漫反射（Diffuse）:控制头发的漫反射度，0表示完全镜面反射散射，1表示完全扩散散射。对于典型的逼真头发，不需要漫反射分量。脏兮兮的或受损的头发可能近似于弥漫散射。

漫反射颜色（Diffuse Color）:漫反射散射色。

排放（Emission）:发光颜色的乘数。

不透明度（Opacity）:头发的不透明度。默认情况下，设置为全白，这意味着完全不透明的头发，为了获得最佳性能，应将其保留为默认值。

遮罩（Matte）：选择是否需要遮罩。

启用遮罩（Enable Matte）:启用或禁用遮罩效果。

遮罩颜色（Matte Color）:更改遮罩的颜色。

遮罩不透明度（Matte Opacity）：此值能够更改Alpha贡献。

标准材质（aiStandardSurface）:StandardSurface着色器是基于物理的着色器，能够生成多种类型的材质（俗称Arnold万能材质球）。它包括一个漫反射层、一个具有复杂菲涅耳金属的镜面层、玻璃的镜面透射、皮肤的次级散射、水和冰的薄散射、二次镜面涂层和光发射。StandardSurface是一个非常强大的着色器，在预设里面提供了很多材质的基础预设，极大提高了工作效率，如图149所示。

图149

Base（基础）：基础设置，如图150所示

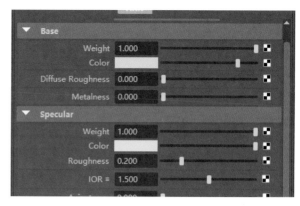

图150

权重（Weight）:此处基础色的权重如图151所示。

| 权重值为0 | 权重值为0.5 | 权重值为1 |

图151 权重值对比效果图

颜色（Color）:基础颜色设置直接用白光源点亮时表面的亮度（强度为100%）。它定义了当光散射到表面下方时，RGB光谱的每个分量不被吸收的百分比。金属通常具有黑色或非常深的基础色，但是，生锈的金属需要一些其他的基础色，如图152所示。

| 红色 | 绿色 | 蓝色 |

图152 颜色对比效果图

漫反射粗糙度（Diffuse Roughness）:基础组件遵循具有表面粗糙度的反射模型。值为0时，可与兰伯特反射相媲美。值越小，反光越强；值越大，越粗糙。较高的值将导致更粗糙的表面，看起来更适合混凝土、石膏或沙子等材料。

金属度（Metalness）:当值是1.0的时候，表面表现得像金属一样，使用完全镜面反射和复杂的菲涅耳，如图153所示。

金属度值为0　　　金属度值为0.5　　　金属度值为1

图153 金属度值对比效果图

镜面反射（Specular）：反射参数，控制反光的强度，如图154所示。

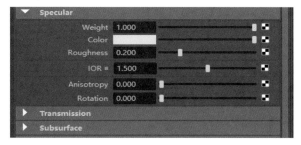

图154

此处可使用颜色"着色"镜面反射高光。一般只在应对某些金属时使用彩色镜面反射；非金属表面通常具有单色镜面反射色，没有彩色镜面反射。

粗糙度（Roughness）:控制镜面反射的光泽度。值越低，反射越清晰。在限制中，值为0时将提供完全清晰的镜像反射，而值为1.0时将创建接近漫反射的反射，如图155所示。

粗糙度值为0.2（默认）　粗糙度值为0.4　　　粗糙度值为0.6

图155 粗糙度值效果对比图

IOR：此处IOR参数（折射率）定义的是材料的菲涅耳反射率，默认情况下使用的是角度函数。实际上，IOR 定义的是面向查看者的曲面和曲面边缘上的反射之间的平衡。

各向异性（Anisotropy）：各向异性通过方向偏差来反射和透射光，并使材质在某些方向上看起来更粗糙或更具有光泽，如图156所示。

各向异性值为0　　　各向异性值为0.6　　各向异性值为 0.9

图156 各向异性效果对比图

旋转（Rotation）：旋转值会改变UV空间中各向异性反射率的方向。当值为0时，没有旋转；当值为1.0时，效果旋转180°。对于具有拉丝金属的表面，它控制了材料被拉丝的角度。对于金属表面，各向异性高光应沿垂直于刷牙方向的方向拉伸。

权重（Weight）:此处透射允许光在玻璃或水等材料的表面散射，如图157所示。

权重值为0　　　　权重值为0.5　　　权重值为1

图157 权重值效果对比图

传输颜色（Color）:根据折射光线行进的距离过滤折射。光在网格内传播的时间越长，受传输颜色的影响就越大。因此，当光线穿过较厚的部分时，绿色玻璃会变得更深。该效应是指数级的，并用比尔定律进行计算。建议使用浅色的、细微的颜色值。

传输深度（Depth）:用于控制实现传输颜色的深度。增加此值会使体积更薄，这意味着吸收和散射更少，如图158所示。

传输深度值为1　　　传输深度值为2　　　传输深度值为10

图158 传输深度值效果对比图

散射（Scatter）:该值的颜色可以让半透明材质呈现出一些次级表面散射的效果，用以模拟蜂蜜、巧克力、冰等既有半透明效果又有次级表面散射效果的材质。越薄的区域越会呈现出半透明效果，而越厚的区域则越呈现出次表现散射效果，该值的颜色和上面传输深度（Depth）关联使用。

散射各向异性（Scatter Anisotropy）：该值让次级表面散射呈现出各向异性的特征。简单地说，该值越大，材质越"吸光"，越"透光"，如图159所示。

散射各向异性值为0（默认）　散射各向异性值为0.5　散射各向异性值为1

图159 散射各向异性值效果对比图

色散Abbs（Dispersion Abbs*=）：该值使不同波长的光线被折射的程度不一样，简单地说，就是可以让白光折射出七彩色来，如图160所示。

色散Abbs=0　　　色散Abbs=0.5　　　色散Abbs=10

图160 色散Abbs效果对比图

额外粗糙度（Extra Roughness）：该值调节的是物体内部的粗糙度，虽然同样能够产生模糊的反射效果，但还是与物体表面的粗糙度有所区别，如图161所示。

额外粗糙度值为0（默认）　额外粗糙度值为0.5　额外粗糙度值为 1

图161 额外粗糙度值效果对比图

传输AOVs（Transmit AOVs）：勾选后，可以进行AOV层选择开启。

电介质优先（Dielectric Priority）：模拟次表面散射的方式。

次表面散射（SSS）：模拟的是光线进入物体并在其表面下散射的效果，如图162所示。并非所有光线都会从表面反射，其中的一些会穿透到被照亮物体的表面以下。在那里，它将被材料吸收，并散落在内部。其中一些散射光会回到表面，对相机可见。这被称为"次表面散射"或"SSS"。

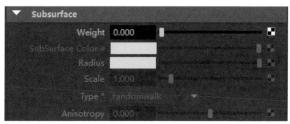

图162

次表面权重（Subsurface Weight）：次级表面散射效果占比、漫反射和次表面散射之间的混合。当值设置为1.0时，只有次表面散射效果；设置为0时，只有漫反射效果。

次表面颜色（SubSurface Color）：次级表面散射的颜色。

半径（Radius）：次级表面散射的强度（半径），可以理解为光线可以从很深的地方散射出来，被摄影机看到。此参数会影响到光在散射回曲面之前可能在曲面下方传播的平均距离。可以分别为每个颜色组件指定此距离效果。较高的值将导致平滑次表面散射的外观，而较低的值将导致更不透明的外观，如图163所示。

半径值为0.25　　　半径值为0.5　　　半径值为1

图163 半径值效果对比图

尺寸（Scale）：控制光线在反射回来之前可能在表面下行进的距离。它以散射半径为基准。

次表面类型（Type*）：次表面散射的不同计算方式，如图164所示。

图164

漫反射（Diffusion）：该模式比较老，选用此模式后，下方的各向异性（Anisotropy）不可使用。

随机浮动（randomwalk）：该模式比较新，效果更好，速度更慢。

随机浮动_v2（randomwalk_v2）：该模式比较新，效果更好，速度较随机浮动更慢。

各向异性（Anisotropy）:该值将使次表面散射呈现出各向异性的特征。

覆盖（Coat）:模拟一层几乎没有厚度的透明涂层材质效果，相当于为材质表面多添加一层反光效果，如图165所示。

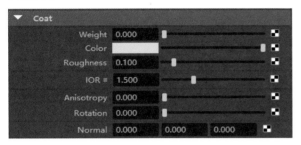

图165

透明涂层权重（Weight）:透明涂层的强度占比。

透明涂层颜色（Color）:透明涂层反光颜色，保持默认的白色就好。

透明涂层粗糙度（Roughness）:透明涂层粗糙度，可以理解为磨砂膜。

IOR:透明涂层折射率。

各向异性（Anisotropy）:该值将使透明涂层呈现出各向异性的特征。

旋转（Rotation）:旋转透明涂层方向。

法线（Normal）:可以设置透明涂层法线的X、Y、Z轴方向参数。

光泽（Sheen）:物体本身的反光程度，如图166所示。

图166

光泽涂层权重（Weight）:光泽涂层强度占比，如图167所示。

光泽涂层权重值为0　　　　　光泽涂层权重值为1

图167 光泽涂层权重值效果对比图

光泽涂层颜色（Color）:光泽涂层颜色，如图168所示。

红色　　　　　　绿色　　　　　　蓝色

图168 光泽涂层颜色效果对比图

光泽涂层粗糙度（Roughness）:光泽涂层粗糙度。

自发光（Emission）:自发光效果，如图169所示。

图169

自发光权重（Weight）:自发光效果占比。该值可以大于1，如图170所示。

自发光权重值为0　　自发光权重值为0.5　　自发光权重值为2

图170 自发光权重值效果对比图

自发光颜色（Color）:自发光颜色。

薄膜（Thin Film）:模拟薄膜材质效果，可以被应用在其他表面材质类型之上。它有非常复杂的光学效果，不同厚度的薄膜可以呈现出非常不同的色彩，如图171所示。

图171

厚度（Thickness）：薄膜的厚度。

IOR：薄膜折射率。

几何形状（Geometry）：对模型的参数设置，如图172所示。

图172

薄壁（Thin Walled）：勾选这个选项后，会产生一个"很薄的半透光表面"效果。

不透明度（Opacity）：物体整体的不透明度。这个选项不会像Transmission一样折射光线，只是单纯地改变物体的不透明程度，如图173所示。

不透明度值为0.03   不透明度值为0.5   不透明度值为1

图173 不透明度效果对比图

凹凸贴图（Bump Mapping）：用来链接凸凹或法线贴图。

各向异性切线（Anisotropy Tangent）：各向异性法线方向。

遮罩（Matte）：遮罩参数选项集，如图174所示。

图174

启用遮罩（Enable Matte）：勾选启用后，会将模型渲染成遮罩。

AOVs：可以自定义AOV层和ID序号颜色，方便分类管理。

高级设置（Advanced）：提供更深层的功能控制，如图175所示。

图175

焦散（Caustics）：勾选后将启用焦散效果。

内部反射（Internal Reflection）：勾选后将启用内部反射功能。默认勾选。

退出到后台（Exit To Background*）：以后台的方式计算。

间接漫反射（Indirect Diffuse）：间接漫反射参数。

间接镜面反射（Indirect Specular）：间接镜面反射参数。

切换节点（aiSwitch）：对输入的纹理进行切换，系统分类有19个纹理输入通道，能满足各种项目的需求。

卡通（Ai Toon）：常用于三维渲染二维材质效果。

使用卡通着色器时，会存在一些限制：1.体积、运动模糊和DOF目前不适用于卡通着色器。2. 如果像素强度大于1.0，则卡通边缘可能会有明显的锯齿状，如图176所示。

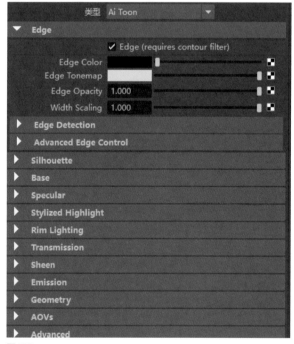

图176

线框（Edge）：Edge（requires contour filter）关

闭后，线框检测将处于禁止状态（默认为启用），如图177所示。值得一提的是，想要查看Ai Toon的线框效果，必须将渲染设置里面的Filter Type更改为contour（轮廓），如图178所示。

勾选启用（默认）　　　　勾选禁用

图177 线框启用禁用效果对比图

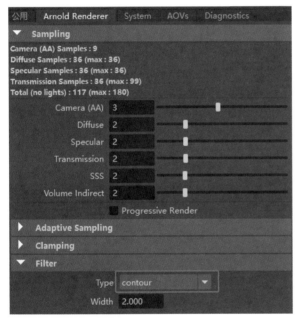

图178

线框（Edge）的具体参数如图180所示。

宽度（Width）：增加该值将增加渲染时间。

线框颜色（Edge Color）：线框的颜色，线条样式可以在此处通过纹理进行控制。

线框色调贴图（Edge Tonemap）：在该处链接渐变节点，以便根据Base的着色结果更改边框颜色。

线框的透明度（Edge Opacity）：控制线框的透明度，值越小越透明，1为不透明。

宽度缩放（Width Scaling）：轮廓的最大宽度由轮廓过滤器的宽度参数来确定。实际宽度是它和此参数相乘。可以通过将其与纹理相结合，来控制线条样

式。在Arnold材质集下选择Utility节点选项，然后选择aiFacingRatio节点，链接到Width Scaling属性后，可以避免中心的边缘"杂乱"，如图179、图180所示。

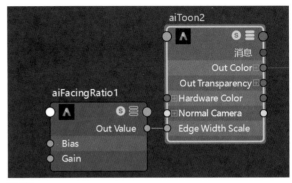

图179

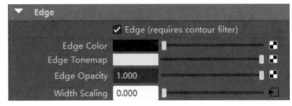

图180

边缘检测（Edge Detection）的具体参数如图181所示。

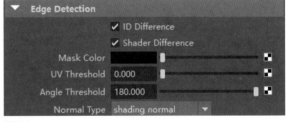

图181

ID差异（ID Difference）：如果勾选启用，边缘检测将通过ID表现与相邻像素的差异。

着色器差异（Shader Difference）：检测相邻样本的着色器差异。

蒙版颜色（Mask Color）：当相邻像素的遮罩颜色不同时，将检测到边缘。

UV阈值（UV Threshold）：如果启用，边缘检测将通过UV表现与相邻像素的差异。

UV阈值为0（默认）　　　UV阈值为0.1

图182 UV阈值效果对比图

角度阈值（Angle Threshold）：当小于 180 时，边缘检测将使用相邻像素之间的角度差值，如图 183所示。

角度阈值为180（默认）　角度阈值为50　　角度阈值为10

图183 角度阈值效果对比图

法线类型（Normal Type）：边缘检测中使用正常值的类型。可以选择着色法线（shading normal）、平滑法线（smoothed normal）和几何法线（geometric normal），如图184、图185所示。

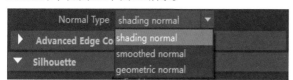

图184

着色法线　　　　平滑法线　　　　几何法线

图185 法线类型

高级边缘控制（Advanced Edge Control）：高级边缘控制的参数如图186所示。

图186

优先级（Priority）：更改边缘的排序优先级。

忽略吞吐量（Ignore Throughput）：默认情况下，轮廓颜色会受到光线通量的影响。

边缘检测可以通过被称为Toon ID的 STRING 类型用户数据进行控制。

轮廓（Silhouette）：着色器ID差异检测到的边缘线被称为轮廓，如图187所示。

图187

启用（Enable）：如果启用此选项，则使用Silhouette Color、Silhouette Tonemap、Silhouette Opacity和Silhouette Width Scale绘制侧面影像线。如果禁用此功能，则侧面影像线将继承内边缘线的设置，可以使用Edge Color、Edge Tonemap、Edge Opacity和Edge Width Scaling进行绘制。

颜色（Color）：轮廓边缘的颜色。线条样式可以在此处通过纹理进行控制，如图188所示。

红　　　　　　　绿　　　　　　　蓝

图188 颜色对比效果图

色调贴图（Tonemap）：在此处链接渐变节点，以根据Base的着色结果更改轮廓颜色。

不透明度（Opacity）：该参数用于控制Silhouette透明度。

宽度缩放（Width Scale）：轮廓轮廓线的最大宽度由轮廓过滤器的宽度参数确定。实际宽度是它和此参数相乘。可以通过将其与纹理相结合，来控制线条样式。

权重（Weight）：基础颜色的权重。

颜色（Color）：Base Color设置直接用白光源点亮时表面的亮度（强度为100%）。它定义的是当光散射到表面下方时，RGB光谱的每个分量不被吸收的百分比。

色调贴图（Tonemap）：在此处链接渐变节点，以创建单元格外观。

镜面反射（Specular）：参数如图189所示。

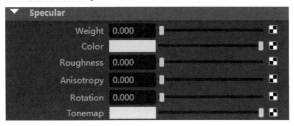

图189

权重（Weight）：镜面反射权重。会影响到镜面反射高光的亮度。Base Weight受Specular Weight的影响，如图190所示。

权重值为0　　　　权重值为0.5　　　　权重值为1

图190 镜面反射权重值对比图

颜色（Color）：镜面反射将被调制的颜色。使用此颜色可以"着色"镜面反射高光。只针对某些金属使用彩色镜面反射，非金属表面通常是单色镜面反射色，没有彩色镜面反射，如图191所示。

红色　　　　　　绿色　　　　　　蓝色

图191 镜面反射调制颜色的对比图

粗糙度（Roughness）：控制镜面反射的光泽度。该值越低，反射越清晰，如图192所示。

粗糙度值为0.1　　粗糙度值为0.3　　粗糙度值为0.6

图192 粗糙度值的对比图

各向异性（Anisotropy）：各向异性通过方向偏置反射、透射光，并导致材料在某些方向上看起来更粗糙或更

光滑。各向异性的默认值为0，表示"各向同性"。将控件向1.0移动时，曲面在U轴上会变得更加各向异，如图193所示。

各向异性值为0（默认）　各向异性值为0.6　　各向异性值为0.9

图193 各向异性值的对比图

旋转（Rotation）：旋转值会改变 UV 空间中各向异性反射率的方向。当值为0时，没有旋转；当值为1.0时，效果旋转180°。对于具有拉丝金属的表面，它控制了材料被拉丝的角度。对于金属表面，各向异性高光应沿垂直于刷牙方向的方向拉伸。

色调贴图（Tonemap）：在此处链接渐变节点，以创建单元格外观。

风格化亮点（Stylized Highlight）：风格化亮点的参数如图194所示。

图194

灯光（Lights）：指定要用于风格化高光的主光源的名称。

颜色（Color）：任意纹理（或RGB类型节点）可用于在对象上创建风格化的高光。

大小（Size）：风格化高光的大小。

边缘照明（Rim Lighting）：边缘照明的参数如图195所示。

图195

灯光（Light）：指定要在此处使用的光源的名称。边缘照明受此光的阴影影响。

颜色（Color）：边缘光的颜色。在这里链接渐变节点，以获得边缘照明效果。

宽度（Width）：该参数可以制作不需要链接渐变节点的最基础的边缘照明效果。

色调（Tint）：使用曲面的基础颜色，能对边缘光的颜色进行着色。

透射（Transmission）：透射的参数如图196所示。

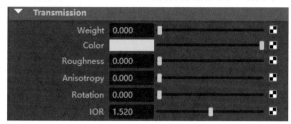

图196

透射权重（Weight）：透射允许光在玻璃或水等材料的表面散射。

透射颜色（Color）：将折射结果乘以颜色。

透射粗糙度（Roughness）：添加使用各向同性微面BTDF计算的折射的其他模糊度。范围从0（无粗糙度）到1。

各向异性（Anisotropy）：添加使用各向同性微面BTDF计算的折射的其他模糊度。范围从0（无粗糙度）到1。

旋转（Rotation）：旋转值会改变 UV 空间中各向异性反射率的方向。当值为0时，没有旋转；当值为1.0时，效果旋转 180°。对于具有拉丝金属的表面，它控制了材料被拉丝的角度。对于金属表面，各向异性高光应沿垂直于刷牙方向的方向拉伸。

IOR：IOR参数（折射率）定义的是材料的菲涅耳反射率，默认情况下使用的是角度函数。实际上，IOR定义的是面向查看者的曲面和曲面边缘上的反射之间的平衡。

光泽（Sheen）：光泽的参数如图197所示。

图197

光泽颜色（Sheen Color）：纤维的颜色，着色光泽贡献的颜色。

光泽粗糙度（Sheen Roughness）：该参数调节的是超细纤维偏离表面法线方向的程度。

自发光（Emission）：此属性使材料看起来像正在发光的白炽灯，如图198所示。

图198

自发光权重（Weight）：控制发射的光量。它会产生噪点，特别是如果间接照明源非常小的时候。

自发光颜色（Color）：发射光的颜色。

几何（Geometry）：几何的参数如图199所示。

图199

法线（Normal）：在此处链接法线贴图。法线贴图的工作原理是将内插的曲面替换为从RGB纹理评估的表面，其中的每个通道（红色、绿色、蓝色）对应于曲面法线的X、Y和Z坐标。它可能比凹凸贴图更快，因为凹凸贴图需要至少评估下面的着色器三次。

切线（Tangent）：切线贴图。它与着色法线一起定义输入矢量适用的切线坐标系。如果可以从雕刻工具获得，则应在此处链接法线贴图所依赖的切线贴图。

凹凸贴图（Bump Mapping）：在此处链接凹凸贴图，以生成凹凸效果。

凹凸贴图模式（Bump Mapping Mode）：可以选择链接凹凸贴图的模式，两者（both）、弥漫性（diffuse）和镜面（specular），如图200所示。

图200

AOVs层（AOVs）：AOVs层（AOVs）的参数如图201所示。

图201

风格化高光（Highlight）：风格化高光AOV层。

边缘光（Rim Light）：边缘光AOV层。

AOV前缀（AOV Prefix）:可选AOV Prefix,它将附加到 toon AOV 的名称之前。

高级设置（Advanced）:高级设置的参数如图202所示。

图202

间接漫反射（Indirect Diffuse）:仅从间接源接收的漫射光量。

间接镜面反射（Indirect Specular）:仅从间接源接收的镜面反射量。

节能（Energy Conserving）:默认情况下,卡通着色器是节能的。如果禁用此功能,Toon着色器只需添加基本、镜面反射和透射。禁用此选项时应小心,因为它会影响到卡通着色器的间接照明。

双面材质（Ai Two Sided）:在双面曲线的任一侧应用两个不同的着色器,如图203所示。

图203

正面（front）:在正面输入着色器。

背面（back）:在背面输入着色器。

正面（front）和背面（back）的效果,如图204所示。

图204

多功能着色器（Ai Utility）:一种通用的多功能实用工具节点着色器,可用于创建在合成包中使用的通道。它还可用于调试场景,如图205所示。

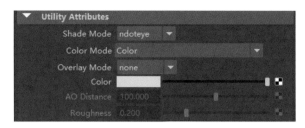

图205

阴影模式（Shade Mode）:用于渲染网格的着色模式。各选项如图206所示。

图206

眼图矢量模式（Ndoteye）: 使用眼图矢量模式进行渲染。

漫反射（Lambert）: 使用简单的着色模型进行渲染。

平淡（Flat）: 将模型渲染为纯色、实心、平淡的光照和着色。

环境光遮蔽（Ambocc）: 使用环境光遮蔽技术渲染模型。

塑料（Plastic）: 塑料感的渲染效果。

金属（Metal）: 金属的渲染效果。

阴影模式（Shade Mode）效果对比图如图207所示。

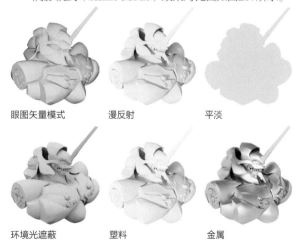

图207 阴影模式效果对比图

颜色模式（Color Mode）:用于为网格着色的模式,如图208所示。

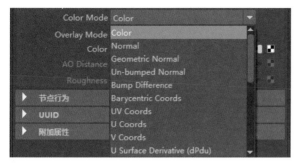

图208

颜色（Color）：单色输出。

法线（Normal）：几何体在世界空间中的法线。

几何法线（Geometric Normal）：着色器在世界空间中法线。

未碰撞法线（Un-bumped Normal）：在屏幕空间中平滑未碰撞的法线。

凹凸差异（Bump Difference）：此模式以热图的形式显示凹凸和自动凸起法线与基本平滑阴影法线之间的差异（蓝色是相同的，从绿色到红色，变化可达90°）。

重心坐标（Barycentric Coords）：基本的重心坐标。

UV坐标（UV Coords）：映射到红色、绿色和蓝色通道的UV坐标。

U坐标（U Coords）：映射到红色、绿色和蓝色通道的U坐标。

V坐标（V Coords）：映射到红色、绿色和蓝色通道的V坐标。

U表面导数[U Surface Derivative（dPdu）]：指表面导数的坐标。

颜色模式（Color Mode）的效果对比如图209所示。

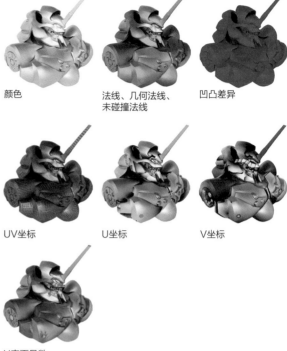

颜色　　　　　　法线、几何法线、　　凹凸差异
　　　　　　　　未碰撞法线

UV坐标　　　　　U坐标　　　　　　V坐标

U表面导数

图209 颜色模式效果对比图

叠加模式（Overlay Mode）：在常规颜色和着色模式之上叠加线框，如图210所示，其效果对比如图211所示。

图210

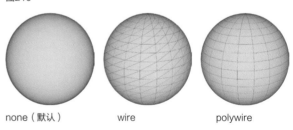

none（默认）　　　wire　　　　　　polywire

图211 叠加模式效果对比图

颜色（Color）：用作模型着色模式的颜色，如图212所示。

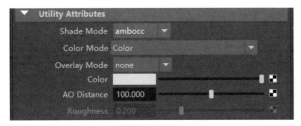

图212

AO距离（AO Distance）:采样的最大遮挡距离。只有在ambocc的阴影模式下，才可以使用该参数。

粗糙度（Roughness）:控制镜面反射的光泽度。该值越低，反射越清晰。在限制中，值0将提供完全清晰的镜像反射，值1.0将创建接近漫反射的反射。只有在plastic和metal的阴影模式下，才可以使用该参数。

线框着色器（Ai Wireframe）:线框着色器，用于生成线框样式（作为RGB），如图213所示。

图213

填充颜色（Fill Color）:这是用于表示多边形面的颜色。

线条颜色（Line Color）:这是用于表示线条的颜色。

线条宽度（Line Width）: 这是用于表示多边形面的边线的粗细。

栅格空间（Raster Space）:此选项启用后，线宽将以屏幕空间像素而不是世界单位进行设置。

线框类型（Edge Type）:确定网格的显示方式。四边形将渲染为多边形面。如果选择三角形（triangles），则多边形将被分解成其三角形曲面细分，如图214所示。

图214

Ai Wireframe和Ai Standard Surface一起结合使用，如图215所示。

图215

线框效果如图216所示。

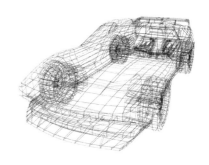

图216

大气体积着色器（Ai Atmosphere Volume）:此着色器模拟由稀薄的、均匀的大气散射出的光。它产生从几何对象投射的光轴和体积阴影。它适用于点光源、聚光灯和区域光源，但不适用于远处或天窗。这是一个场景范围的体积着色器，如图217所示。

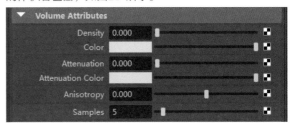

图217

在Amold的渲染设置中点击按钮，进行大气体积效果创建，如图218所示。

图218

密度（Density）:用于增加/减少大气体积密度，如图219所示。

密度值为0.1　　　　　　　　密度值为0.5

图219 密度值对比图

颜色（Color）：这是密度控制乘以此RGB值，如图220所示。

白色"默认"　　　　　　　　蓝色

图220 颜色对比图

衰减（Attenuation）：衰减参数设置穿过散射介质的光线熄灭的速率以及阻挡来自背景的光量。高值意味着光将仅通过体积传播一小段距离，低值意味着光将在体积中传播很长的距离，如图221所示。

衰减值为0　　　衰减值为0.5　　　衰减值为1

图221 衰减值对比图

颜色衰减（Attenuation Color）：衰减控制乘以此RGB值。

各向异性（Anisotropy）：各向同性介质的默认值为0，该介质将光均匀地散射到所有方向，从而产生均匀的效果。正值使散射效应在光的方向上向前偏斜，负值使散射向后偏向光。因此，改变偏心率意味着将获得不同的效果，具体取决于相机是朝向光线还是远离光线，如图222所示。

各向异性值为-0.9　　各向异性值为"默认"　　各向异性值为0.9

图222 各向异性值对比图

采样（Samples）：样品根据体积密度进行分布。

雾（aiFog）：这是大气着色器节点模拟光散射的效果，这会导致更远的物体的对比度较低，尤其是在室外环境中，如图223所示。

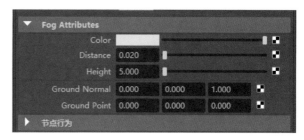

图223

在Arnold的渲染设置中的Environment Atmosphere里面点击右边按钮，进行雾材质效果创建，如图224所示。

图224

雾材质效果创建的效果如图225所示。

图225 雾材质效果创建的效果对比图

颜色（Color）：雾的颜色。不饱和值效果最好，如图226所示。

图226 雾的颜色值效果对比图

距离（Distance）：雾距离控制雾密度。雾密度使用指数分布进行建模。值越小，雾的密度越小；值越大，雾的密度越大。

高度（Height）：此值改变沿方向轴的指数衰减速率，如图227所示。

高度值为1　　　高度值为3　　　高度值为6

图227 高度值效果对比图

接地法线（Ground Normal）：效果对比如图228所示。

图228 接地法线值效果对比图

地面点（Ground Point）：这是地面高度的设置。

标准体积着色器（Ai Standard Volume）：这是基于物理的体积着色器。它提供对体积密度、散射色和透明色的独立控制，具体参数如图229所示，效果如图230所示。

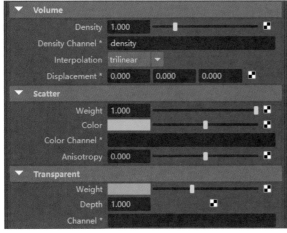

图229

图230

体积（Volume）：这是渲染物体体积效果的参数选项。

密度（Density）：体积的密度，低密度导致薄体

积，高密度导致厚体积。它充当密度通道上的乘数，或者如果未指定密度通道，则可用于链接着色器，如体积样本或程序纹理，如图231所示。

密度值为1　　　密度值为2　　　密度值为4

图231 密度值对比图

密度通道（Density Channel*）：从体积对象读取的密度通道。

插值（Interpolation）：使用命名通道对体积数据进行采样时要使用到的体素插值。

位移（Dispacement*）：包括最近（closest）、三重线性（trilinear）（默认）、三立方（tricubic）三种类型，如图232所示。

图232

位移（Dispacement*）：在此处链接杂色纹理或其他着色器，以置换体积，类似于曲面上的置换。这可用于向体积添加其他细节或使其变形。对于所有体积通道，链接的纹理将作为对象空间偏移应用于体积采样位置，如图233所示。

无位移　　　　　　　　链接noise噪波

图233 链接noise噪波对比图

散射（Scatter）：散射参数选项。

权重（Weight）：照明下体积的亮度，如图234所示。

权重值为0.1—0.5　权重值为1（默认）　权重值为3

图234 权重值对比图

颜色（Color）：照明下体积的颜色。

颜色通道（Color Channel*）：从体积对象读取到的散射通道。它充当散点颜色的乘数，以纹理化体积的颜色。

各异向性（Anisotropy）：散射的方向偏置或各向异性。默认值0给出各向同性散射，以便光在所有方向上均

匀散射。正值使散射效应在光的方向上向前偏斜，负值使散射向后偏向光。

透明度（Transparent）:控制透明属性。

权重（Weight）:对体积密度的额外控制，以着色体积阴影和通过体积所看到的物体的颜色。

深度（Depth）:对体积密度的附加控制，以控制Depth的进入来实现透明颜色的体积。

通道（Channel*）:通道参数选项。

自发光（Emission）: 自发光的具体参数如图235所示。

图235

模式（Mode）: 具体参数如图236所示。

图236

无（none）:不发光。

通道（channel）:使用指定的发射通道，或使用链接到发射速率或颜色参数的着色器发光。

密度（density）:使用密度通道发光，由可选的发射通道调制。

黑体（blackbody）:根据温度发出颜色和强度，用于渲染火焰和爆炸。

权重（Weight）:发射的是体积发光的速率。如果使用密度通道、发射通道或黑体通道进行发射，则它会充当减少或增加发射的乘数。

颜色（Color）:要着色（乘以）发射的颜色。

通道（Channel*）:在发射通道模式下，发射通道从中采样发射速率。

温度（Temperature）:如果使用黑体通道，它将充当黑体温度的乘数。

通道（Channel）:在黑体发射模式下，温度通道从体积物体中读取。通常，温度通道来自热释物理场仿真。

黑体开尔文（Blackbody Kelvin）:来自温度体积通道的温度乘法器。

黑体强度（Blackbody Intensity）:控制黑体发射的强度。为了获得物理上正确的结果，必须使用强度1。然而，这可能会导致极亮的光线，可以使用较低的值来降低强度。

CHAPTER 3
渲染案例一：《桌上的水果》

一、准备场景模型

在这个《桌上的水果》案例中，物品摆放的画面效果让我们想到油画静物，画中含有水果、衬布、盘子等物品。在构建一个场景时，首先要确定一个主题，然后再明确画面的主体。在此案例中，我们选择了不同的水果组成了一个食物丰盛的场景，把用大盘子装的水果作为画面的主体，小盘子和其他散落的水果作为陪衬，使得画面主次分明，疏密有致。

具体的模型制作，另参见我有关模型制作的书《三维软件制作高级教程：ZBRUSH×MAYA带你走进影视级的CG造型世界》。

首先将建好的石榴、葡萄、苹果、盘碟等模型进行主次安排，做到主次清晰、重点突出，如图1所示。

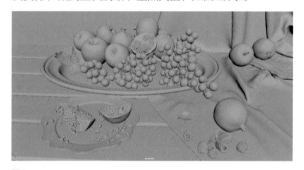

图1

在MAYA菜单栏中，找到"创建"菜单集，如图2所示。选择创建摄像机，在渲染设置菜单中，进行画面尺寸设置，如图2、图3所示。我们这个案例中使用的是大家常用的高清尺寸1920×1080，其宽高比为16：9，这是一个当下接受度很高的画幅比例选择。

图2

图3

在透视视图的面板选项中，选择刚才建好的camera1作为当前视图，如图4所示。

图4

把摄影机视图调整到最佳的画面构图效果，深灰色框里的内容就是未来我们渲染的范围，框之外部分则不被MAYA渲染，如图5所示。在这个步骤中，我们可以根据自己的兴趣、喜好调整水果和器物的摆放位置，尽可能做到构图主次有序，疏密恰当，可以凸显一下自己的审美趣味。从这个小小画面中，我们也可以窥见作者的艺术修养。

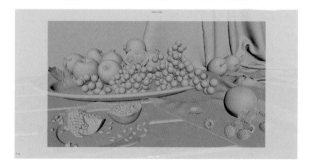

图5

二、灯光设置

当画面构图确定后，就把摄影机锁定，以免在制作过程中视角不慎被改变（因为摄影机视角改变后，会导致效果大不相同）。

下一步就是创建灯光，进行白模的基础照明。在所有的渲染中，灯光是一切之源，没有光就什么都没有了。灯光分为主光和辅光，根据不同的需要选择不同类型的灯光。在这个案例中，由于场景空间比较小，我们选择区域光（aiAreaLight）作为主要的灯光。区域光有细腻的特点，可以很好地模拟水果的细节，但它不适合大场景的照明。

在MAYA菜单栏里选择Arnold菜单，在灯光栏（lights）里面，选择Area Light进行创建，如图6所示。也可以在Hypershade里面的Arnold下的Light中点击aiAreaLight进行创建，如图7所示。

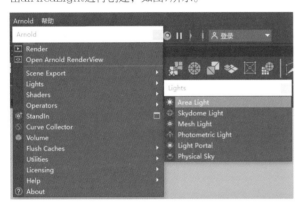

图6

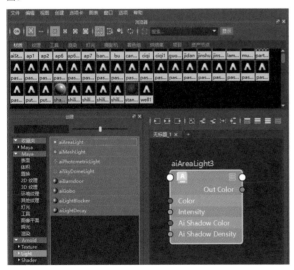

图7

主光源从左侧照亮场景模型，如图8所示。根据场景中模型的尺寸大小来设置灯光的强度（Intensity）值设置为10.000，曝光（Exposure）值设置为16.000，如图9所示。

图8

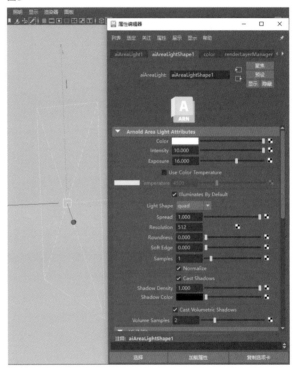

图9

在右侧放置辅光源，可以重新创建区域光（aiAreaLight），也可以复制左侧的主光进行创建。辅光作用是暗部补光，使画面效果看起来更加通透。辅光的强度（Intensity）值设置为5.000，曝光（Exposure）值设置为6.000。可以将辅光的阴影影响关闭，避免渲染的时候出现阴影的错误影响，如图10所示。

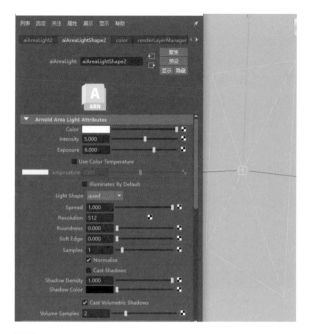

图10

关闭Cast Shadows功能，以关闭灯光阴影，如图11所示。

图11

打开Arnold的渲染窗口，测试渲染一下，效果如图12所示，阴影有点过暗了，可以通过提高辅助光的亮度来解决这个问题；也可以添加一个环境球（aiSkyDomeLight），再进行HDR链接设置，以照亮整个场景的环境照明，这样不仅可以解决刚才暗部过暗的问题，同时能使整个场景的光照效果更加柔和，如图13所示。

图12

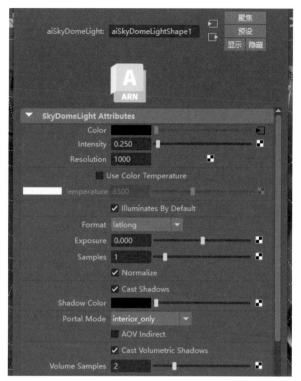

图13

添加环境球（aiSkyDomeLight）后，在Color选项中链接一张室内场景的HDR图（因为静物位于室内，室内图所提供的照明效果更符合环境的真实），如图14所示。强度（Intensity）值设置为0.250，稍微提亮一点环境照明，如图13所示。再次进行渲染，效果如图15。

图14

图15

到这里，场景基础照明工作就完成了，下面开始对场景中的模型进行材质指定。

三、UV分解

在三维软件中，一开始创建好的模型是没有纹理的（一般都显示灰色）。进入渲染环节后，为了给渲染效果增添细节，就有了贴图的概念。所谓"贴图"，就是把二维的平面图形对应地贴合到三维的模型上。三维建模中的UV可理解为立体模型的"皮肤"，将"皮肤"展开，然后进行二维平面上的绘制，并将其赋予物体，使模型表面有了丰富的纹理细节。

模型中，纹理坐标通常使用U和V两个坐标轴，因此称之为UV坐标系。U代表横向坐标上的分布，V代表纵向坐标上的分布。分解UV的过程，就是把贴图与三维模型的表面精准对位的过程。

MAYA顶部菜单中的UV命令集包含了UV的相关操作，如图16所示。

图16

打开UV编辑器，在第一项"编辑"菜单里，可以看到UV编辑的相关命令（图的左侧），右侧是UV工具包栏，如图17所示。

图17

在MAYA中，有几种展开UV的方式，第一种是自动展开功能，选择模型，再点击自动UV命令，三维模型的UV就自动平铺展开了。点开自动功能后面的小方块按钮，可以打开多边形自动映射选项弹窗，在其中，可以进行相关的映射设置，如图18所示。

图18

这里以圆环模型为例，如图19所示。该功能适合用于场景不是很重要且重复率比较高的模型UV切分。

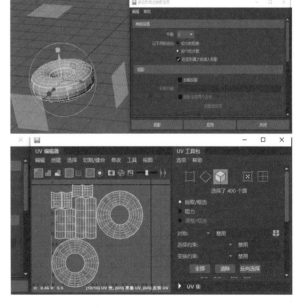

图19

第二种是基于摄像机映射，可以将场景中选择的模型，以摄像机视角映射到UV编辑器中，如图20效果所示。

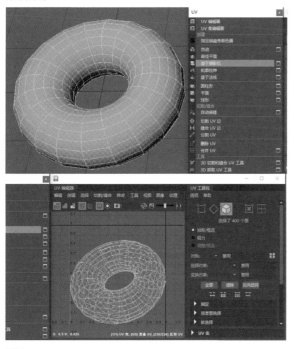

图20

第三种是圆柱形映射，选择场景中圆环模型，点击圆柱形的映射命令，展开的UV就出现在编辑器的操作视图中，如图21所示。

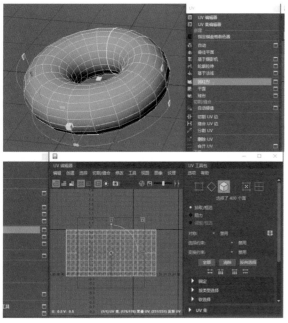

图21

第四种是平面映射，点击右侧的小方块可以打开其平面映射设置选项，如图22所示。

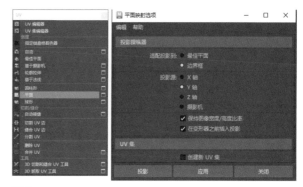

图22

投影源（其实是投影的方向，中文翻译不准确，但为了方便大家查找，就先使用现在翻译的名称）选择X轴时，在UV编辑器上，圆环UV是按X轴上的平面映射生成的，如图23所示。

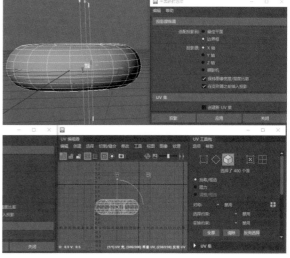

图23

投影源选择Y轴时，在UV编辑器上，圆环UV是按Y轴上的平面映射生成的，如图24所示。

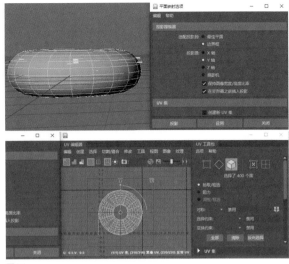

图24

投影源选择Z轴时，在UV编辑器上，圆环UV是按Z轴上的平面映射生成的，如图25所示。

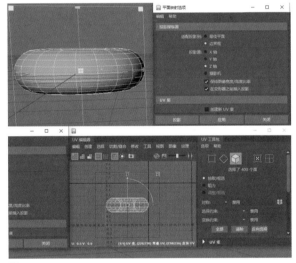

图25

投影源选择摄影机时，在UV编辑器上，圆环UV是按摄影机的视角进行平面映射生成的，如图26所示。

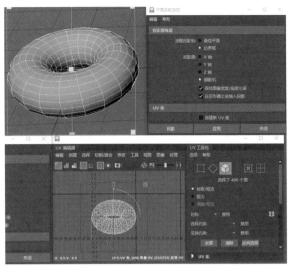

图26

第五种是球形映射，用以上的方法，选择球形，点击球形映射命令，球形模型的UV就映射到编辑器中了，如图27所示。

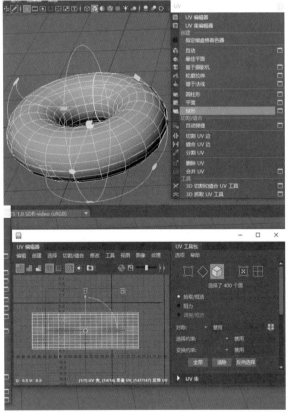

图27

下方是几个UV编辑功能集。切割UV边功能，可以在场景或者UV编辑器中选择模型的边线，点击该命令后，可以在UV编辑器中将选择的UV线进行切割，如图28所示。

分割UV命令，可以在场景或是UV编辑器中选择UV点，点击分割命令后，被选择的UV映点就被分割了，如图30所示。

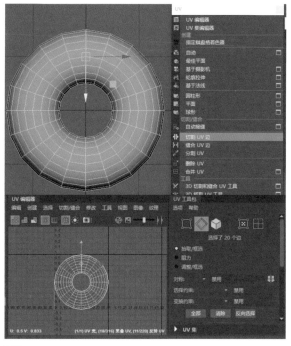

图28

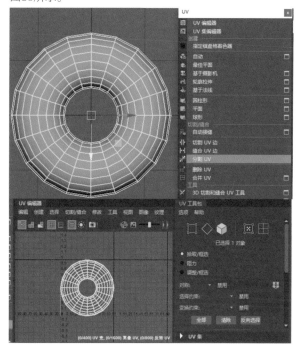

图30

缝合UV边命令，可以在场景或者UV编辑器中选择模型的分割线，点击该命令后，可以将选择的UV分割线进行缝合，如图29所示。

删除UV功能，可以将UV编辑器中的模型UV删除，如图31所示。

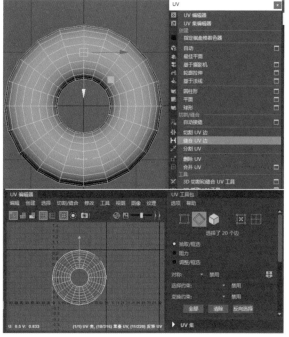

图29

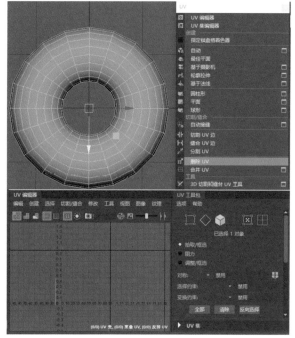

图31

合并UV功能是指将模型中选中的UV进行合并，如图32所示。

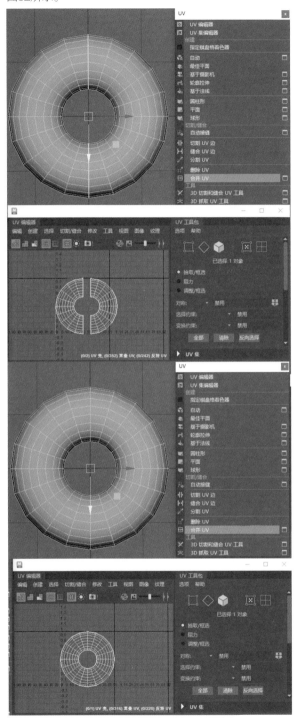

图32

到这里，与UV部分相关的基本命令就介绍完毕了。

1. UV分解案例

下面以苹果模型的切分UV为例。

选择苹果模型下方底面，选择环线，点击切割UV边，如图33所示。

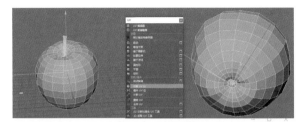
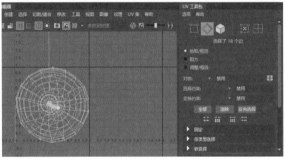

图33

选择切割UV边部分的模型面，同时按住Ctrl+鼠标右键，在弹出的指令栏中选择UV壳，可以选择刚刚切割部分的整体模型块面，如图34所示。

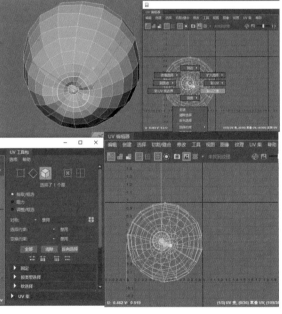

图34

同时按住Ctrl+鼠标右键，在弹出的指令栏中选择到UV的命令，可以进入UV点并选择可以将其移动到UV编辑器中的其他位置，如图35所示。

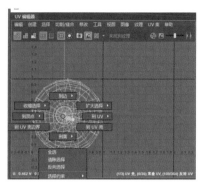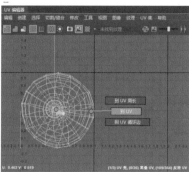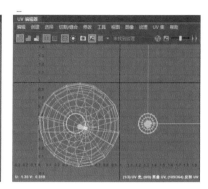

图35

再选择苹果蒂头模型上的环线，如图36所示。使用切割UV边功能，选择切割部分的块面，同时按住Ctrl+鼠标右键，在弹出的指令栏中选择UV壳，再按住Ctrl+鼠标右键，选择到UV的命令，将其分离出来，放置到一边，如图37所示。

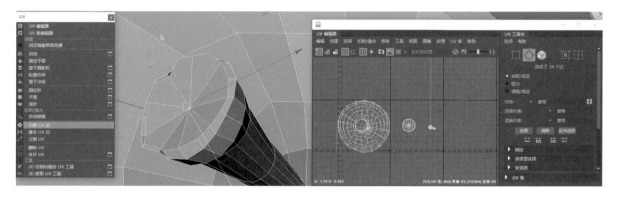

图36

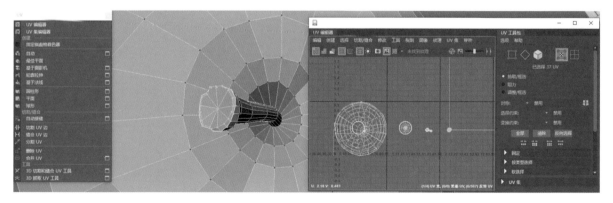

图37

继续选择蒂头模型的线，如图38所示。使用切割UV边命令，选择蒂头模型，按Ctrl+鼠标右键选择到UV，接着按住Shift+鼠标右键，选择展开命令，这样苹果蒂头的模型UV就展开完成了，如图39所示。

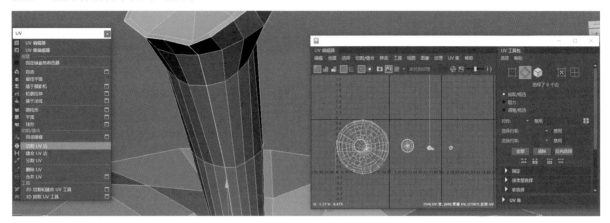

图38

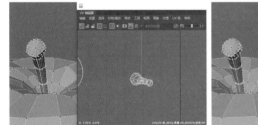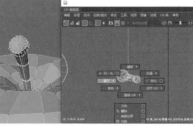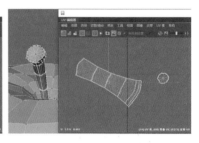

图39

为了避免苹果顶部UV在UV编辑器中出现拉伸的情况，这里也将其分隔出来，单独进行展开，如图40所示。

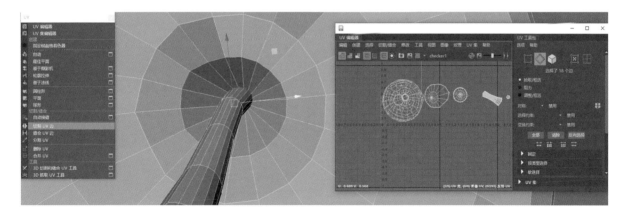

图40

接下来，对苹果果身进行UV的展开。选择要展开的苹果果身UV的面，点击球形命令（见图41）。下面要在UV编辑器中对展开的UV进行修改，选定线条后，按住

Shift+鼠标右键，选择移动并缝合边命令，自动进行缝补与合并（见图42）。选择有问题的UV点，按住Shift+鼠标右键选择展开，可以进行多次的展开命令（见图43）。

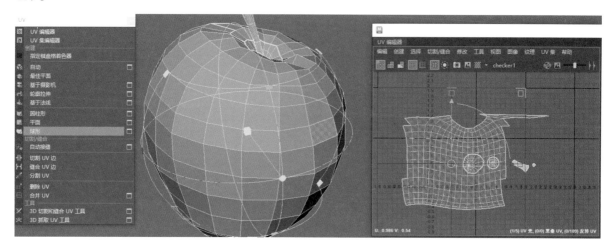

图41

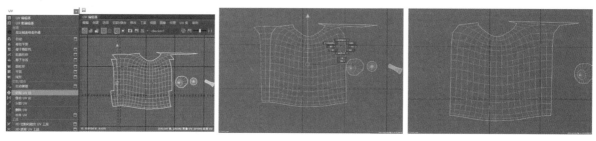

图42

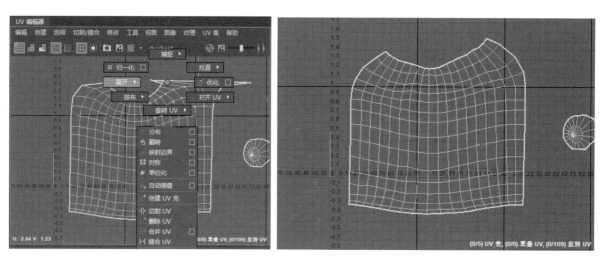

图43

为了更好地观察所展开的UV是否有拉伸，可以赋予其一个棋盘格材质，如图44所示。

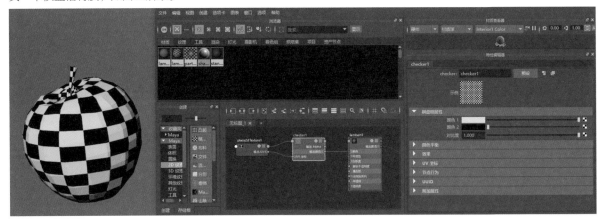

图44

最后，将展开的UV元素组合好，放入UV格内。到这里，苹果的UV展开就完成了。这里还要注意一下分切下来的UV块面的比例关系，保证同一个物体比例一致。同时，展开的UV尽量铺满整个UV操作框，如图45所示。

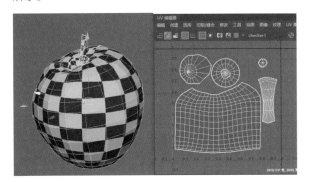

图45

四、材质指定

材质全部使用标准表面（aiStandardSurface）着色器，可以先从画面占比大的模型开始赋予材质。这里先从桌面背景板开始。创建标准表面着色器有两种方式：

1.点击Arnold中的aiStandardSurface进行创建，然后在场景中选择要赋予材质的模型，在Hypershade中aiStandardSurface的材质球上，鼠标右键按住后，拖动往上选择"将材质指定给视口选择"的按钮进行材质赋予，如图46所示。

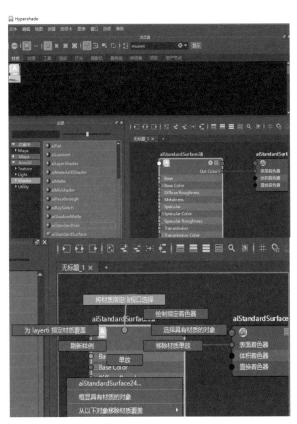

图46

2.在场景中，鼠标左键点击选择要赋予材质的模型，然后右键持续按住要赋予材质的模型，会出现一个快捷功能操作栏，继续按住右键，往下会找到指定新材质按钮（注意松开按住的右键，快捷功能操作栏则会消失），在跳出的指定新材质窗口中，进行创建，如图47所示。

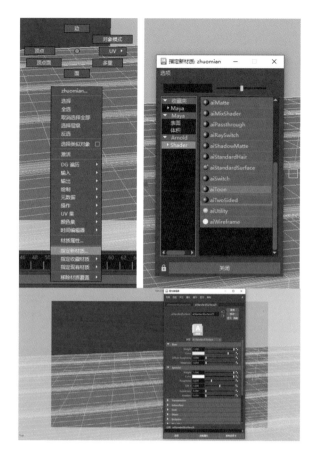

图47

图48

接下来，给桌面模型链接一张桌面的木纹纹理。在进行该步骤之前，我们先要对模型进行一个展开UV的工作。

UV在三维中指的是对U、V纹理贴图坐标的简称，它是一个二维坐标系，类似于X、Y平面直角坐标系。在三维软件中，通常用UV坐标来定义一张平面图片贴合在三维模型上每个点的位置信息，这些点与三维模型是相互联系的，以决定表面纹理贴图的位置。UV就是将图像上每一个点精确对应到模型物体的表面。在点与点之间的间隙位置，由软件进行图像光滑插值处理，这就是所谓的UV贴图。

对模型的UV操作，可以在MAYA的菜单栏中找到UV菜单，所有跟UV编辑有关的命令都集中于此，如图48所示。

选择场景中的桌面模型，因为桌面近似一个平面物体，所以我们选择UV编辑器中的平面映射按钮右边的小方块，调出平面映射的选项菜单，选择Y轴进行平面映射，将UV展开，如图49所示。

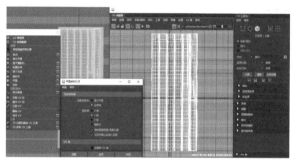

图49

注意勾选保持图像宽度/高度比率，这样UV的展开结果就不会出现挤压和拉伸的变形。UV展开后，我们后面添加的贴图就可以和模型匹配上了，如图50所示。

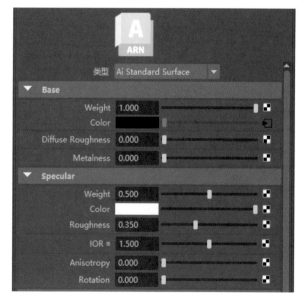

图50

接下来，在基础颜色（Base Color）上链接一张桌面的木纹纹理，如图51所示。

桌面木纹都有一些凹凸纹理，可以在Ai Standard Surface材质球的Geometry下的Bump Mapping（凹凸贴图）上进行链接添加（见图52）。bump节点中的Bump Depth可以控制凹凸的大小程度（见图53），模拟出木纹的效果。因为MAYA在计算凹凸效果时，只会读取贴图的黑白信息，所以我们把图片做成黑白图（见图54），以便我们观察和调整强度。

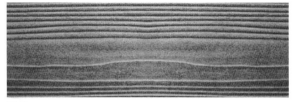

图54

墙面作为背景呈现，主要是作为画面的一个平衡色块来处理，我们先将材质球的反射属性关闭（将Specular Weight设为0），将基础颜色（Base Color）设为灰蓝色，以丰富画面效果，如图55所示。

图51

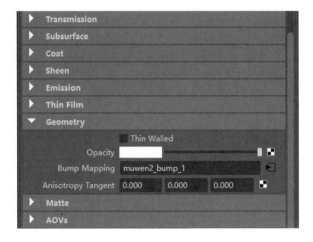

图52

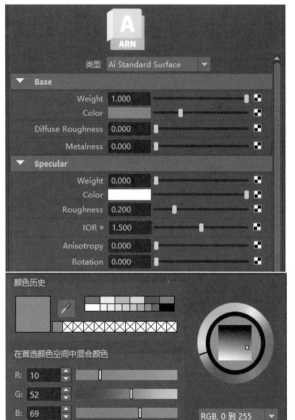

图55

将背景桌布基础颜色（Base Color）改为米黄色，将反射属性关闭（将Specular Weight设为0），在Geometry下的Bump Mapping上添加布纹的凹凸贴图，如图56、图57所示。

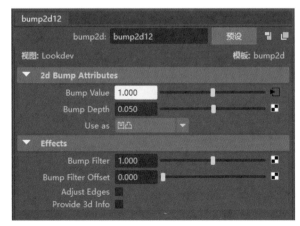

图53

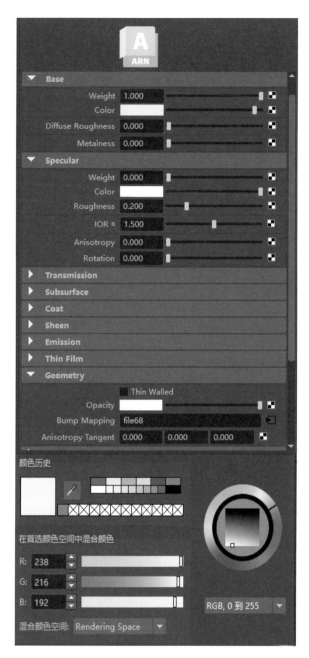

图56

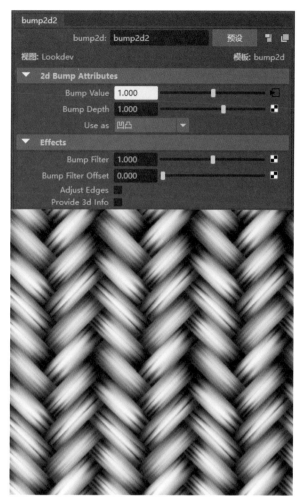

图57

表现桌上的水果陶瓷餐盘,将基础颜色权重(Base Weight)降到0.8;将基础颜色(Base Color)设为白色;稍许增加镜面反射的粗糙度(Specular Roughness),设值为0.4。将涂层权重(Coat Weight)提高到1,以启用涂层栏的效果参数,提升陶瓷餐盘的光泽效果,如图58所示。

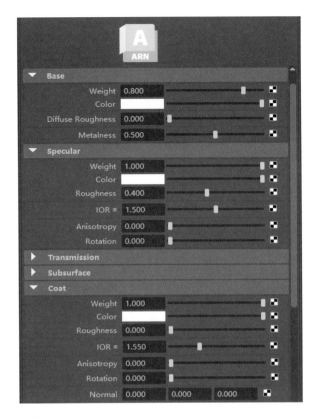

图58

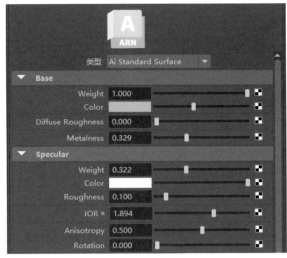

图60

这样，基本的背景渲染效果就做好了，如图61所示。

桌上的水果金属器皿，将基础颜色（Base Color）设为灰色（见图59），基础金属度（Metalness）调为0.329，以稍许增强金属效果。将镜面反射权重（Specular Weight）设为0.322，镜面模糊（Specular Roughness）设为0.1，折射率（IOR）设为1.894，如图60所示。

图59

图61

接下来，是制作水果的材质效果，主要会用到次表面散射，也就是我们平常所说的3S效果，还是在标准表面（Ai Standard Surface）着色器中来实现这种效果。

从葡萄模型开始，在制作渲染效果前，要先分析模型中不同材质的效果，这边可以通过设置两个材质球，将葡萄果肉和葡萄枝加以区分；还可以在葡萄上添加水珠模型材质，以增加画面效果。

画面中出现的是两种颜色——葡萄紫色和绿色的——葡萄果肉的材质效果（见图62）。

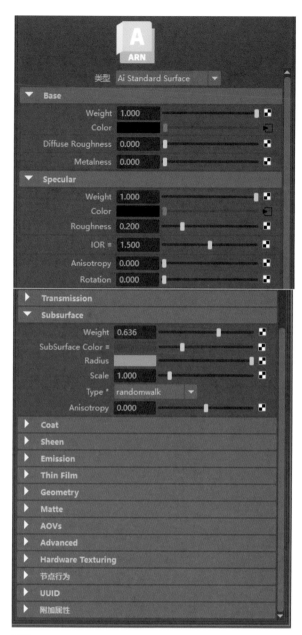

图62

图63

图64

将基础色权重（Base Weight）设为1。

在基础颜色（Base Color）中链接一张葡萄表面的纹理贴图（见图63），因为葡萄果肉的材质主要是靠表面散射来呈现效果的，这里的纹理贴图是为了渲染出葡萄表面的材质效果，如图64所示。

将镜面反射权重（Specular Weight）值设为1。

在镜面反射颜色（Specular Color）上链接基础颜色（Base Color）中的同一张纹理贴图。

将镜面反射粗糙度（Specular Roughness）设为0.2。

折射率（IOR）设为1.5。

关闭透射（Transmission）下的参数设置，透射权重（Transmission Weight）设为0。

标准表面（Ai Standard Surface）着色器材质球下的次表面（SubSurface）是用来控制次表面散射SSS效果的，前面章节中提过次表面散射（SSS）模拟的是光线进入物体并在其表面下散射的效果。这里可以模拟葡萄果肉的渲染效果。

次表面权重（SubSurface Weight）：这个参数表现的是次级表面散射的效果，是漫反射和次表面散射混合后呈现出的结果。这里可以将其设为0.636（见图65）。

次表面颜色（SubSurface Color）：次级表面散射的颜色。这里可以设置为紫葡萄内果肉的颜色（RGB：61、4、22）（见图66）。

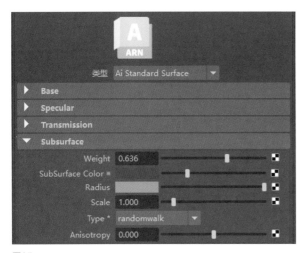

图65

图66

Radius即次表面散射的强度（半径）设置颜色为
RGB：255、45、74（见图67）。

图67

紫葡萄果肉渲染效果如图68所示。

图68

绿葡萄果肉的材质效果渲染如下：将基础色权重
（Base Weight）设置为如图69所示。

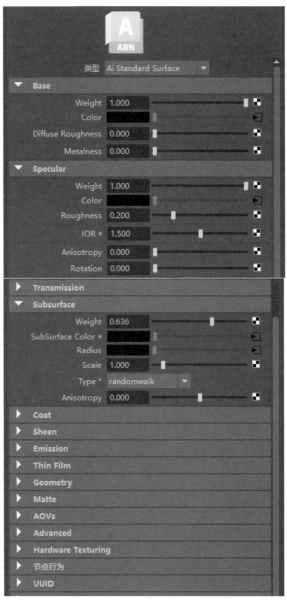

图69

将基础色权重（Base Weight）设为1.000。

在基础颜色（Base Color）和镜面反射颜色（Specular Color）中链接紫葡萄的同一张纹理贴图（见图70）。

图70

绿葡萄果肉的材质Ai Standard Surface的参数如图69所示。

将镜面反射权重（Specular Weight）设为1.000。

将镜面反射粗糙度（Specular Roughness）设为0.200。

将折射率（IOR）设为1.500。

关闭透射（Transmission）下的参数设置，透射权重（Transmission Weight）设为0。

将次表面权重（SubSurface Weight）设为0.636。

在次表面颜色（SubSurface Color）上链接绿葡萄的纹理贴图，如图71所示。

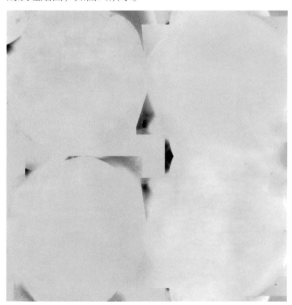

图71

在次表面散射的强度（半径）上链接绿葡萄的纹理贴图，如图72、图73所示。

图72

图73

葡萄枝的材质效果渲染如下：

用于表现葡萄枝的材质的参数如图74所示。

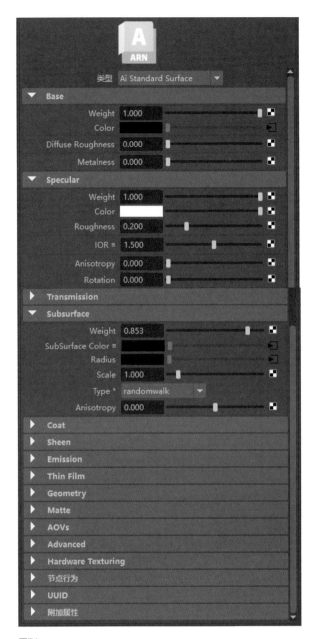

图74

将基础色权重（Base Weight）设为1.000。

在基础颜色（Base Color）上链接树枝纹理，如图75所示。

图75

将镜面反射权重（Specular Weight）设为1.000。

将镜面反射颜色（Specular Color）设为白色。

将镜面反射粗糙（Specular Roughness）设为0.200。

将折射率（IOR）设为1.500。

将透射权重（Transmission Weight）设为0。

将次表面权重（SubSurface Weight）设为0.853。

在次表面颜色（SubSurface Color）上链接绿色树枝纹理，如图76所示。

图76

在次表面散射的强度（半径）上链接基础颜色（Base Color）树枝纹理。

葡萄上面的水珠材质球直接使用Ai Standard Surface材质球上预设的清水材质（Clear_Water），如图77所示。

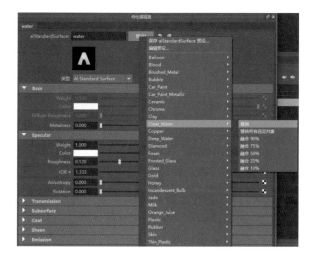

图77

开启涂层（Coat），加强光泽效果，如图78所示。

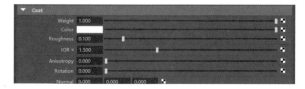

图78

葡萄材质渲染效果如图79所示。

图79

下面进行石榴材质的效果渲染：

石榴分为石榴果肉和石榴籽，我们继续分两种材质进行渲染测试。

先从石榴果肉材质开始，如图80所示。

将基础色权重（Base Weight）设为1.000。

将镜面反射权重（Specular Weight）设为0.664。

将镜面反射粗糙（Specular Roughness）设为0.400。

将折射率（IOR）设为1.340。

将次表面权重（SubSurface Weight）设为1.000。

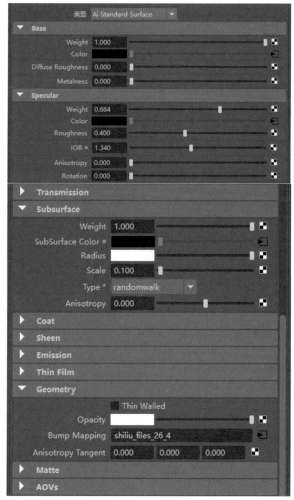

图80

在基础颜色（Base Color）上链接石榴纹理贴图，如图81所示。

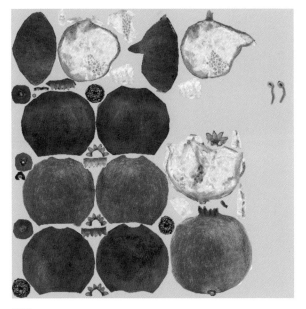

图81

在镜面反射颜色（Specular Color）上链接石榴高光贴图，如图82所示。

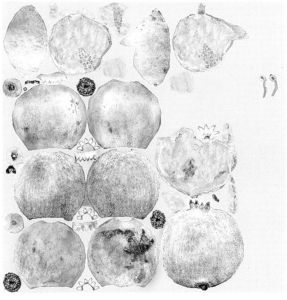

图82

在次表面颜色（SubSurface Color）上链接基础颜色（Base Color）中的石榴贴图。

在Geometry下的Bump Mapping上链接石榴的法线贴图（见图83），将bump节点中的Bump Depth设为0.100（见图84）。

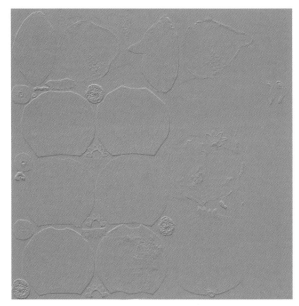

图83

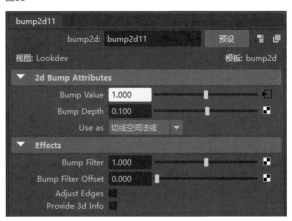

图84

石榴籽可以直接用材质球上的默认参数，石榴渲染效果如图85所示。

图85

接下来渲染的是苹果的材质效果，苹果1材质如图86所示。

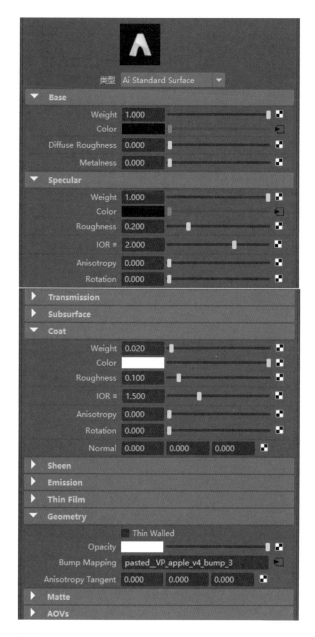

图86

将基础色权重（Base Weight）设为1.000。

在基础颜色（Base Color）上链接苹果1纹理贴图，如图87所示。

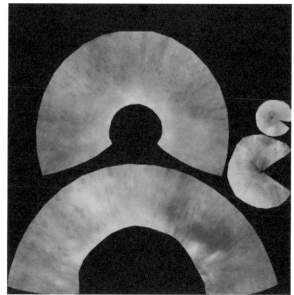

图87

将镜面反射权重（Specular Weight）设为1.000。

将镜面反射颜色（Specular Color）设为苹果1高光纹理贴图，如图88所示。

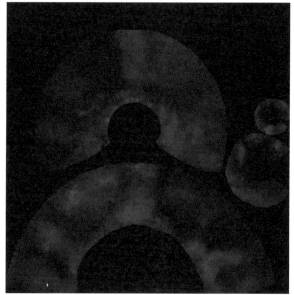

图88

将镜面反射粗糙（Roughness）设0.200。

将折射率（IOR）为2.000。

将涂层权重（Coat Weight）设为0.020。

在Geometry下的Bump Mapping上链接苹果1的凹凸贴图（见图89），将bump节点中的Bump Depth设为0.010，如图90所示。

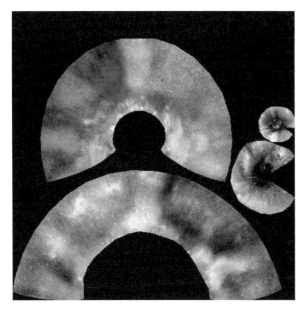

图89

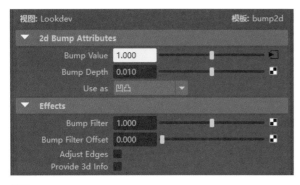

图90

苹果2材质如图91所示。

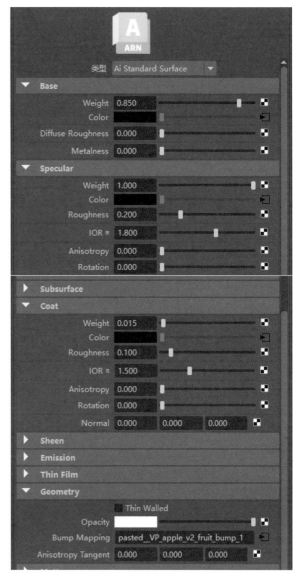

图91

将基础色权重（Base Weight）设为0.850。

在基础颜色（Base Color）上链接苹果2纹理贴图，如图92所示。

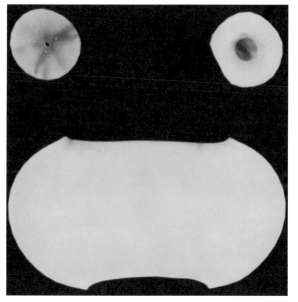

图92

将镜面反射权重（Specular Weight）设为1.000。

将镜面反射颜色（Specular Color）设为一个高光纹理贴图，如图93所示。

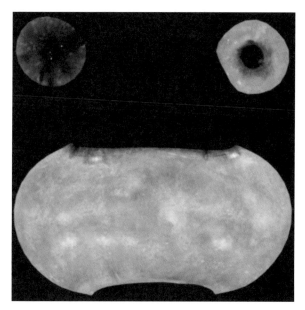

图94

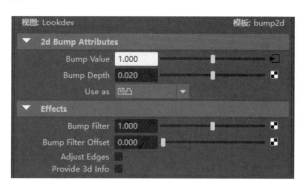

图95

苹果3材质如图96所示。

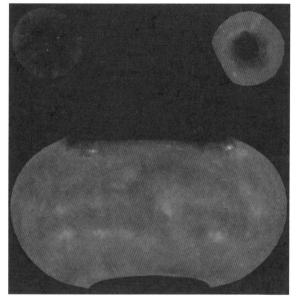

图93

将镜面反射粗糙（Specular Roughness）设为0.200。

将折射率（IOR）设为1.800。

将涂层权重（Coat Weight）设为0.015。

链接苹果2的凹凸贴图（见图94），将凹凸贴图深度（Bump Depth）设为0.020（见图95）。

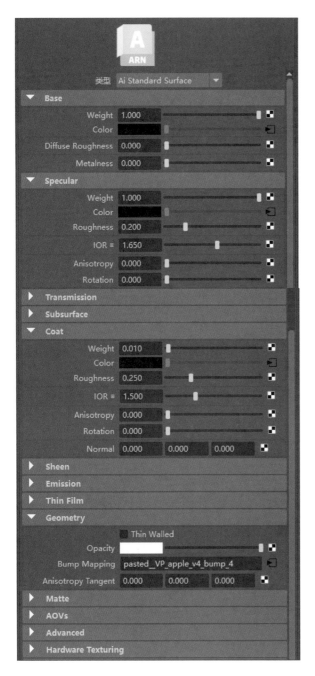

图96

将基础色权重（Base Weight）设为1.000。

在基础颜色（Base Color）上链接苹果3纹理贴图，如图97所示。

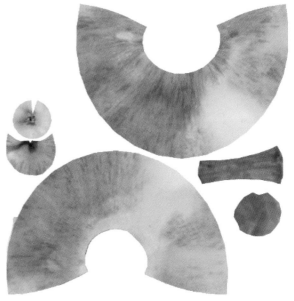

图97

将镜面反射权重（Specular Weight）设为1。

将镜面反射颜色（Specular Color）设一个高光纹理贴图，如图98所示。

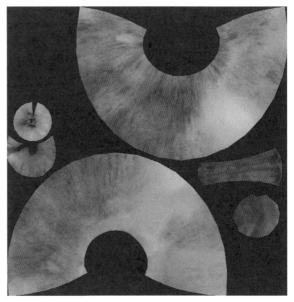

图98

将镜面反射粗糙（Specular Roughness）设为0.2。

将折射率（IOR）设为1.650。

将涂层权重（Coat Weight）设为0.010。

在涂层颜色（Color）上链接基础颜色（Base Color）中的苹果3纹理贴图。

将涂层粗糙度（Roughness）设为0.250。

将涂层折射率（IOR）设为1.500。

在Geometry下的Bump Mapping上链接苹果3的凹凸贴图，将bump节点中的Bump Depth设为0.010，如图99、图100所示。

图99

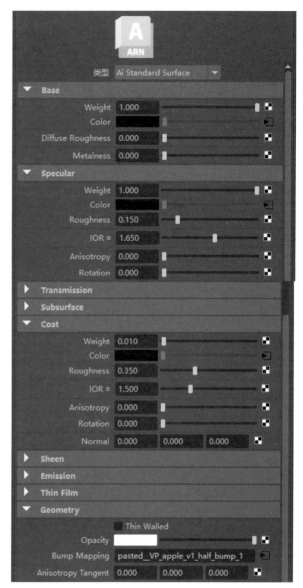

图100

苹果4材质如图101所示。

图101

将基础色权重（Base Weight）设为1.000。

在基础颜色（Base Color）上链接苹果4纹理贴图，如图102所示。

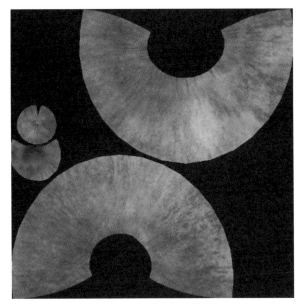

图102

将镜面反射权重（Specular Weight）设为1.000。

将镜面反射颜色（Specular Color）设为苹果4高光纹理贴图，如图103所示。

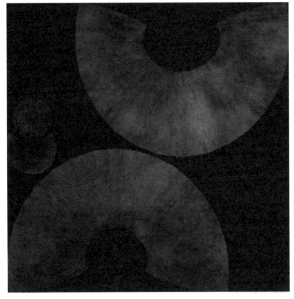

图103

将镜面反射粗糙（Specular Roughness）设为0.150。

将折射率（IOR）设为1.650。

将涂层权重（Coat Weight）设为0.010。

在涂层颜色（Color）上链接苹果4颜色贴图，如图104所示。

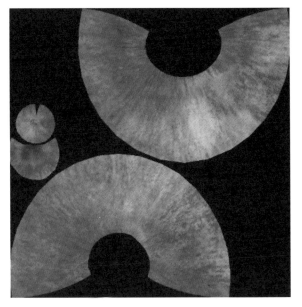

图104

将涂层粗糙度（Roughness）设为0.350。

将涂层折射率（IOR）设为1.500。

链接苹果4的凹凸贴图（见图105），将凹凸贴图深度（Bump Depth）设为0.010（见图106）。

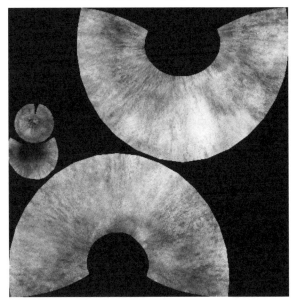

图105

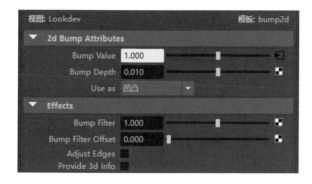

图106

对于表现场景中的其他苹果，可以复制已经赋好材质的苹果，然后进行位置摆放。选择模型后，按Ctrl+D就可以进行复制。

图107

树莓材质效果:树莓材质参数设置如图108所示。

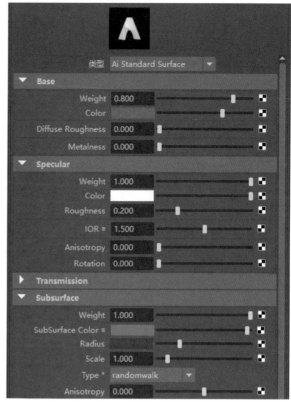

图108

将基础色权重（Base Weight）设为0.800。

将基础颜色（Base Color）设为红色（RGB：174、7、7），如图109所示。

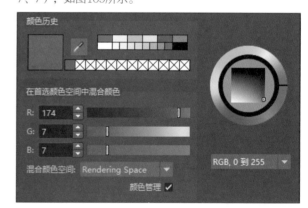

图109

将镜面反射权重（Specular Weight）设为1.000。

将镜面反射颜色（Specular Color）设为白色。

将镜面反射粗糙（Specular Roughness）设为0.200。

将折射率（IOR）设为1.500。

将次表面权重（SubSurface Weight）设为1.000。

将次表面颜色（SubSurface Color）设为红色（RGB：249、5、5），如图110所示。

图110

将Radius即次表面散射的强度（半径）设为深红色（RGB：59、2、2），如图111所示。

图111

树莓材质渲染效果如图112所示。

图112

树叶材质效果：树叶材质参数设置如图113所示。

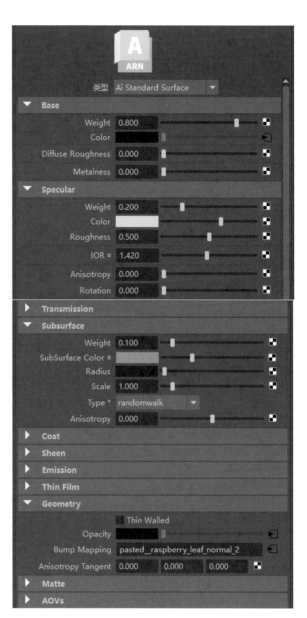

图113

将基础色权重（Base Weight）设为0.800。

在基础颜色（Base Color）上链接树叶纹理贴图，如图114所示。

图114

图116

在Geometry下的Opacity上链接透明贴图，如图117所示。

将镜面反射权重（Specular Weight）设为0.200。

镜面反射颜色（Specular Color）设为灰白色，如图115所示。

图115

将镜面反射粗糙（Specular Roughness）设为0.500。

将折射率（IOR）设为1.420。

将次表面权重（SubSurface Weight）设为0.100。

将次表面颜色（SubSurface Color）设为绿色（RGB：40、75、21），如图116所示。

图117

链接树叶的法线贴图（见图118），凹凸贴图深度（Bump Depth）设为0.010（见图119）。

图118

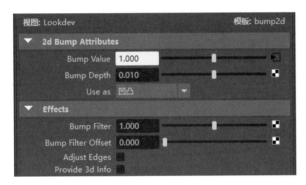

图119

树叶材质渲染效果如图120所示。

图120

到这里，桌上的水果场景中模型的渲染材质已经全部添加完毕，渲染效果如图121所示。这些参数的设置也不是固定的，大家可以根据自己的喜好去调整，做出自己的趣味和风格。在制作的过程中，重点是了解每个参数的用途和设置方法，做到触类旁通。

图121

CHAPTER 4

渲染案例二：《街道》

一、 场景模型的准备

在这个案例中,我们设计了一个二元对立与融合的街道。街道的前景是老旧的建筑,后景是现代化的高楼,远远望去有点像香港的感觉。在光线上,我们设计了早晨太阳升起的逆光,光线从后景射过来,现代化的城市变得有点虚幻和模糊,但它亮亮的,又有点象征未来的希望;在材质的设计上也做了前后的对比,前景老旧街道建筑采用砖、水泥墙、木质和充满人情味的广告牌,而后景则是现代化的玻璃幕墙,光泽亮丽,却也少了些许人情味。这是我们在做一个场景时要去考虑的,每一个"作品"都需要有创意,有了创意,作品才有灵魂。

有了前面的创意,我们就可以来搭建场景的具体细节了,首先准备分好UV的城市楼房、街道、汽车和行人等模型,进行一个场景的搭建(见图1、图2)。由于本书是关于渲染的专著,对模型的具体制作就不过多叙述了,大家如有兴趣,可以看我之前写的两本关于建模的图书。

图1

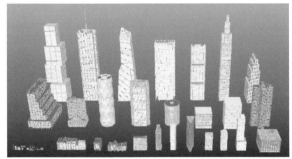

图2

在场景搭建的过程中,先把前景两侧的主体建筑放好。在放置过程中,一定要注意人物和景物的比例关系。由于我们这次的场景是写实的,人的身高也有一个大家熟悉的高度(可以取平均值1.7米),街道的宽、高也就有了参照,如图3所示。

图3

前景建筑放好后,再创建一个摄影机,在MAYA菜单栏中,选择"创建"菜单集下的"摄像机"进行创建。在渲染设置中进行画面尺寸设置(具体的设置前面曾讲过,不清楚的可以往回看看),调整出最佳的画面构图效果,如图4所示。

图4

设置渲染尺寸的比例,也就是先确定画面的外框边界,将摄影机的参数设置好后,把摄影机锁定。后续场景中所添加的景物就以这个确定的构图为准,以便摆放具体的景物。在制作过程中,必须注意各个元素在场景中的比例关系,使整个画面既有变化,又能和谐统一。

二、 设置灯光

整个画面表现的是黎明时太阳冉冉升起的情景,阳光透过高楼缝隙,洒向城市街道。

我们先给场景添加一个模拟天空的环境光进行链接设置,提供整个场景的环境照明。

因为是城市场景,我们选择一张户外天空的HDR贴图(见图5)。将有阳光的部位放到场景中实际太阳的位置,与阳光的光源方向一致,为表现阳光的光感做出铺垫。

图5

将强度（Intensity）设为0.75，将曝光（Exposure）设为0.1，如图6所示。

图6

这样，环境的基础照明就有了（见图7）。下面进行主光的创建。因为是黎明时太阳升起，考虑到阳光透过大厦的效果，所以在场景模型后面创建一个逆光。这里通过MAYA的聚光灯（SpotLight），开启Arnold选项来进行阳光的模拟。

图7

在顶部MAYA菜单栏中，选择"创建"菜单集，找到"灯光"，在里面点击"聚光灯"进行创建，主光颜色设为浅黄色（RGB：238、171、108），如图8、图9所示。

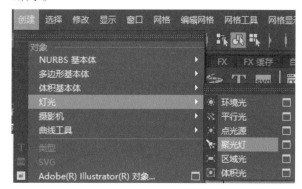

图8

图9

将强度设为3，聚光灯的圆锥体角度范围可以设为42左右，点开下方的Arnold栏，将曝光值设为22.250，如图10所示。

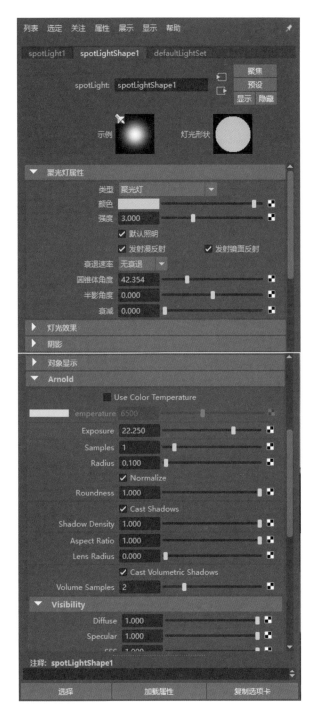

图10

图11

这里面还添加了大气体积（aiAtmosphereVolume）的效果，以增加主光的通透感，如图11所示。

大气体积在渲染设置棋盘格中点击Create aiAtmosphereVolume进行创建，如图12所示。

图12

将密度（Density）值设为0.001，如图13所示。

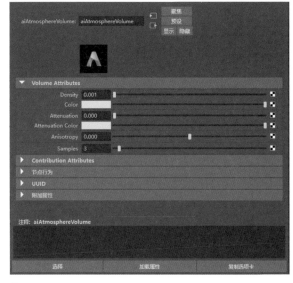

图13

这样，主光的参数设置和位置摆放就基本完成了。接下来是打辅光，因为这个场景前后纵深比较大，在打光的过程中，可以按前、中、后景来对场景进行灯光区分。

这里可以从主光位置后景开始，逐步往前，对场景模型进行辅助光添加，以增强场景中灯光的层次感。

这里添加的是Arnold的区域光（Area Light），放置在后景与中景的中间位置，灯光形状选择圆柱体的预设，后面添加的区域光，基本都是预设的圆柱体，与另外两种预设圆柱体的灯光效果相比，更加柔和，易于控制，如图14所示。

图14

Arnold的区域光参数如图15所示。

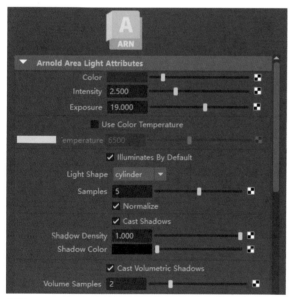

图15

灯光颜色可以设为深蓝色（RGB：10、20、31），如图16所示。

图16

将强度（Intensity）值设为2.5，曝光（Exposure）值设为19。

灯光的颜色选择冷蓝色，这样可以对后景与中景作冷暖色区分，不至于使画面元素都糊在一起，如图17所示。

图17

现在，街道上面有点太暗了，可以添加灯光，以增加明暗细节。

添加的依然是Arnold的区域光预设为圆柱体，放置在中景的街道上，如图18所示。

图18

将颜色（Color）设为亮黄色（RGB：238、113、28），如图19所示。

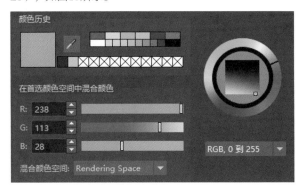

图19

添加的Arnold的区域光参数如图20所示。

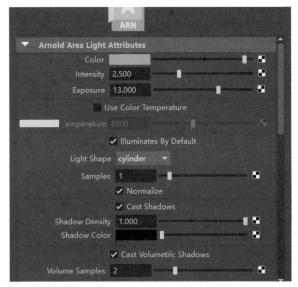

图20

将强度（Intensity）值设为2.5，曝光（Exposure）值设为13。

后景的灯光效果如图21所示。

图21

下面是前景的灯光，可以看到画面中阳光到中景时已

经基本减弱了，我们通过添加新的灯光来扩大阳光在画面中的辐射范围。

在台阶左右两侧各添加一个区域光，左侧的区域光实现照亮左侧建筑的效果，右侧区域光预设为圆柱体，实现照亮台阶楼道建筑整体的光照效果，如图22所示。

图22

将左侧区域光颜色（Color）设为淡黄色（RGB：163、117、58），如图23所示。

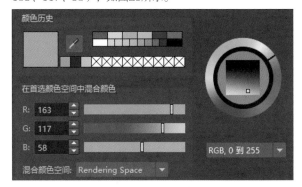

图23

左侧区域光参数如图24所示。

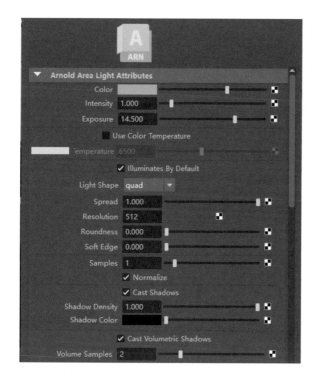

图24

将强度（Intensity）设为1.000，曝光（Exposure）值设为14.500。

右侧区域光颜色（Color）相较于左侧的淡黄色可以稍许深一些（RGB：200、109、55），如图25所示。

图25

右侧区域光参数如图26所示。

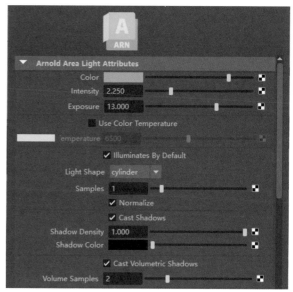

图26

将强度（Intensity）值设为2.250，曝光（Exposure）值设为13.000。

从渲染的画面效果中，我们可以清楚地看到阳光很好地延伸到了左侧的建筑上，台阶也不会显得太过暗沉，增强了阳光在整个画面中的通透感，如图27所示。

图27

在人物的前方添加一个聚光灯，加强了台阶上人物逆光和阴影效果，丰富了画面细节，也增强了画面的空间感，如图28所示。

图28

将聚光灯的颜色设为淡黄色（RGB：163、134、98），如图30所示。聚光灯的参数如图29所示，强度设为1。

将圆锥体角度设为69，曝光（Exposure）值设为16.3。

前景的灯光主要受到招牌灯光的影响，如图31、图32所示。

图31

图32

这里，前景用红色招牌作为灯光来影响载体，在左右两侧各添加一个预设为圆柱体的区域光（Area Light）。

将左侧区域光（Area Light）的颜色（Color）设为深红色（RGB：25、1、3），如图33、图34所示。

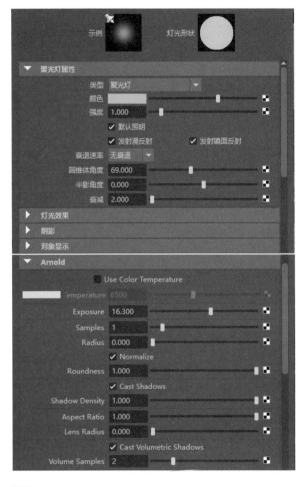

图29

图30

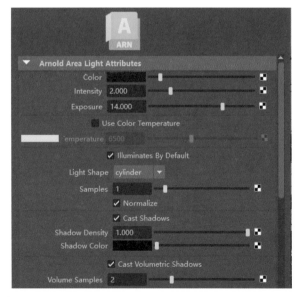

图33

图34

在左侧区域光（Area Light）中将强度（Intensity）值设为2，曝光（Exposure）值设为14。

右侧区域光（Area Light）的颜色（Color）相较于左侧的稍许有点差异，在右侧区域光（Area Light）参数中将强度（Intensity）值设为2.000，曝光（Exposure）值设为12.500，如图35、图36所示。

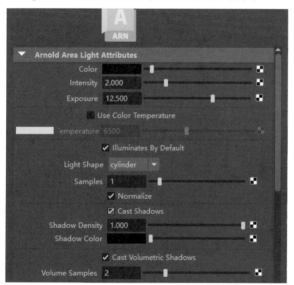

图35

图36

添加灯光后的渲染效果如图37所示。前景画面稍许有点暗，可以再添加一个平行光（Directional Light），以提升整体画面的亮度。

图37

在MAYA菜单栏中选择创建菜单集，找到灯光，点击平行光进行创建，如图38所示。平行光参数如图39所示。颜色为白色，将灯光强度设为0.250，曝光（Exposure）值设为0.010。

图38

图39

到这里，灯光部分基本完成了，如图40所示。细节部分会配合贴图材质进行相应的调整。由于现在的场景还没有给建筑指定具体的材质，因此画面的质感还没有呈现出来。这也是下一步的主要工作。

图40

三、材质赋予

下面开始对场景中的模型进行材质赋予，材质全部使用标准表面（Ai Standard Surface）着色器，可以分别从前、中、后景来赋予。

对前景中的老旧楼房材质和背景中的现代建筑进行一个新、旧画面效果的反差对比，如图41所示。

创建标准表面（Ai Standard Surface）着色器，点

击Hypershade里面Arnold中的aiStandardSurface进行创建，然后在场景中选择模型，赋予材质，如图42、图43所示。

先从前景中的老旧建筑墙面开始。

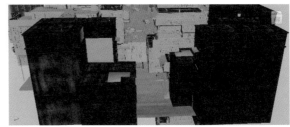

图41

图42

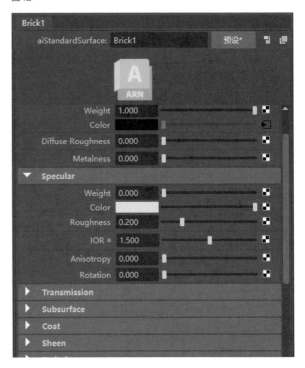

图43

墙面材质的基础颜色（Base Color）上链接的是一张老旧砖墙的材质贴图smi3_Bri，如图44所示。

图44

墙面材质的标准表面着色器参数如图45所示。

将镜面反射权重（Specular Weight）设为0。

将砖墙的材质贴图同样链接到Geometry下的Bump Mapping中，使其获得凹凸信息，如图45所示。

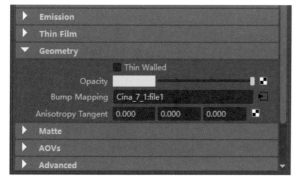

图45

将bump节点中的Bump Depth值设为0.080，如图46所示。

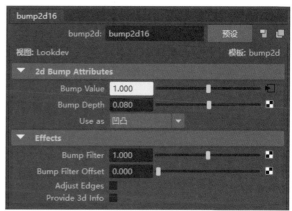

图46

接下来是对前景中其他的墙面赋予材质，如图47所示。

图47

依然使用标准表面（Ai Standard Surface）着色器，其参数如图48所示。

图48

在基础颜色（Base Color）上链接墙面材质纹理smi3_fac，如图49所示。

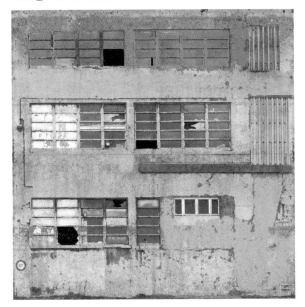

图49

将镜面反射权重（Specular Weight）设为0.100。

将镜面反射颜色（Specular Color）设置成灰色（RGB：78、78、78）。

将墙面材质纹理的凹凸贴图smi3_fa1（见图50）链接到Geometry下的Bump Mapping中，使其获得凹凸信息，如图51所示。

图50

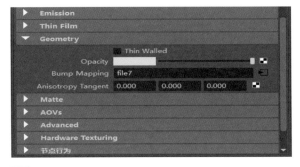

图51

将bump节点中的Bump Depth值设为0.080，如图52所示。

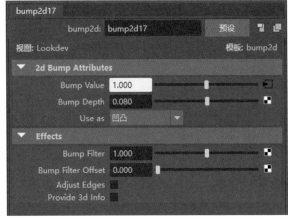

图52

添加余下部分墙体的材质，如图53所示。

图53

继续使用标准表面着色器，参数如图54所示。

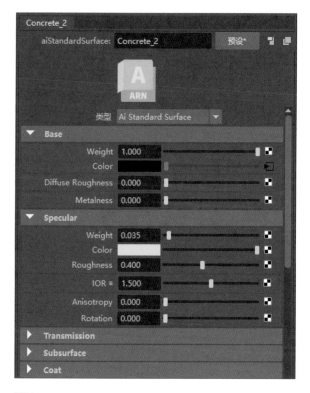

图54

在基础颜色（Base Color）上链接墙面材质纹理smi3_Cr2，如图55所示。

图55

将镜面反射权重（Specular Weight）设为0.035。

将镜面反射粗糙度（Specular Roughness）设为0.400。

将墙面材质纹理的凹凸贴图（见图56）链接到Geometry下的Bump Mapping中，使其获得凹凸信息，如图57所示。

图56

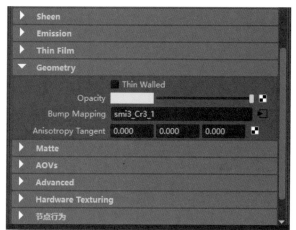

图57

将bump节点中的Bump Depth值设为0.080，如图58所示。

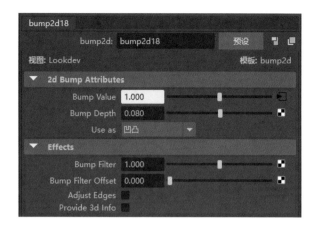

图58

继续添加余下模型的材质贴图，如图59所示。

图59

继续使用标准表面（Ai Standard Surface）着色器，参数如图60所示。

图60

在基础颜色（Base Color）上链接墙面材质纹理smi3_Met，如图61所示。

将镜面反射权重（Specular Weight）设为0.300。

将材质贴图smi3_Met同样链接到Geometry下的Bump Mapping中，如图62所示，使其获得凹凸信息。

将bump节点中的Bump Depth值设为0.080，如图63所示。

图61

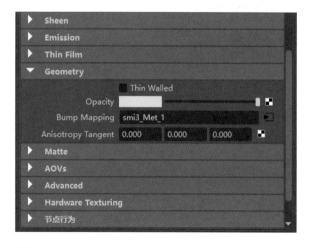

图62

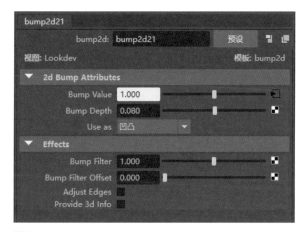

图63

继续添加余下模型的材质贴图，如图64所示。

图64

在基础颜色（Base Color）上链接铁皮材质纹理smi3_Me1，如图65所示。

标准表面（Ai Standard Surface）着色器的参数如图66所示。

图65

图66

将镜面反射权重（Specular Weight）设为0.300。

将镜面反射粗糙度（Specular Roughness）设为0.552。

将铁皮材质贴图smi3_Me1同样链接到Geometry下的Bump Mapping中，使其获得凹凸信息，如图67所示。

将bump节点中的Bump Depth值设为0.080，如图68所示。

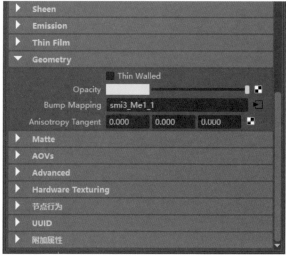

图67

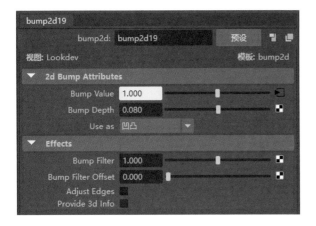

图68

下面添加窗户外木板的材质贴图，如图69所示。

图69

在基础颜色（Base Color）上链接木纹材质纹理smi3_ply，如图70所示。

标准表面（Ai Standard Surface）着色器的参数如图71所示。

图70

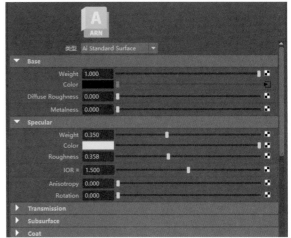

图71

将镜面反射权重（Specular Weight）设为0.350。

将镜面反射粗糙度（Specular Roughness）设为0.358。

将木纹凹凸贴图smi3_wo1（见图72）链接到Geometry下的Bump Mapping中，使其获得凹凸信息，如图73所示。

将bump节点中的Bump Depth值设为0.080，如图74所示。

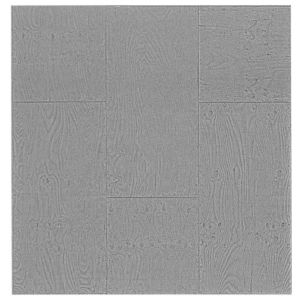

图72

图73

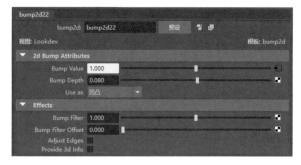

图74

下面添加老旧大楼里面窗户没有开灯的材质贴图，如图75所示。

图75

在基础颜色（Base Color）上链接窗户纹理smi3_fac。

标准表面（Ai Standard Surface）着色器的参数如图76所示。

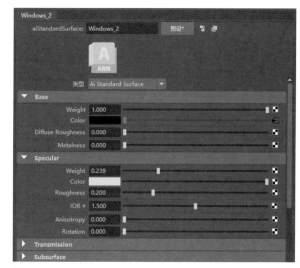

图76

将Specular Weight（镜面反射权重）设为0.239，效果如图77所示。

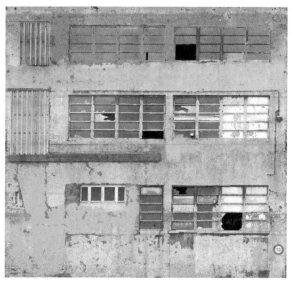

图77

添加窗框的材质贴图，如图78所示。

图78

在基础颜色（Base Color）上链接木纹材质纹理smi3_woo，如图79所示。

标准表面着色器的参数如图80所示。

将镜面反射权重（Specular Weight）设为1。

将木纹凹凸贴图smi3_woo同样链接到Geometry下的Bump Mapping中，使其产生获得信息，如图81所示。

图79

图80

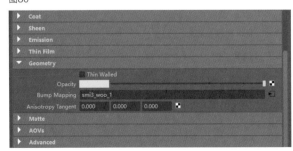

图81

将bump节点中的Bump Depth值设为0.080，如图82所示。

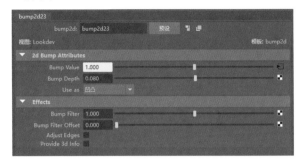

图82

下面添加老旧大楼里面窗户开灯的材质贴图，如图83所示。

图83

在基础颜色（Base Color）上链接夜晚窗户灯光贴图chuanghu1，如图84所示。

图84

标准表面着色器的参数如图85所示。

将镜面反射权重（Specular Weight）设为0.322。

在自发光颜色（Emisson Color）上链接同样的

灯光贴图chuanghu1.，如图85所示。将自发光权重（Weight）设为0.950。

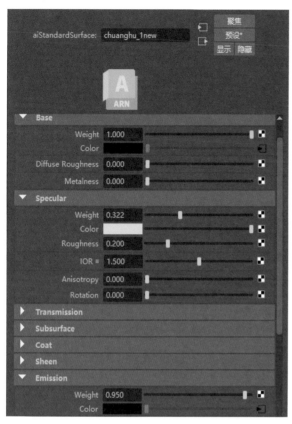

图85

给前景余下的左上角建筑模型进行贴图的赋予，如图86所示。

图86

在基础颜色（Base Color）上链接墙面材质纹理M3D_CyberCity_Facade_02_D，如图87所示。

标准表面（Ai Standard Surface）着色器的参数如图88所示。

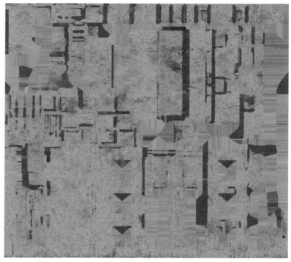

图87

图88

将镜面反射权重（Specular Weight）设为0.124。

将墙面Normal法线贴图M3D_CyberCity_Facade_01_B（见图89）链接到Geometry下的Bump Mapping中，使其获得凹凸信息，如图90所示。

将bump节点中的Use as切换成切线空间法线。

将Bump Depth值设为0.100，如图91所示。

图89

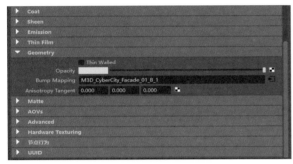

图90

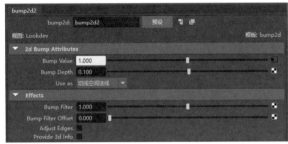

图91

给窗户上的棚顶添加材质，如图92所示。

图92

在基础颜色（Base Color）上链接顶棚材质纹理
M3D_Shack_Metal_02_D，如图93所示。

标准表面（Ai Standard Surface）着色器的参数如图94所示。

将镜面反射权重（Specular Weight）设为1.000。

将镜面反射颜色（Specular Color）设为灰色（RGB：162、162、162）。

将镜面反射粗糙度（Specular Roughness）设为0.450。

将墙面顶棚材质纹理M3D_Shack_Metal_02_D同样链接到Geometry下的Bump Mapping中，使其获得凹凸信息，如图95所示。

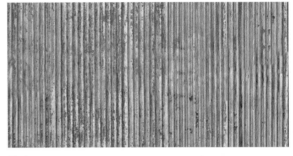

图93

图94

图95

将bump节点中Bump Depth值设为0.050，如图96所示。

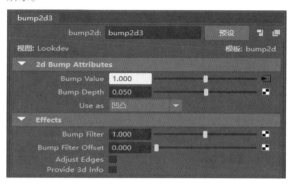

图96

继续给窗户灯光添加材质，如图97所示。

图97

在基础颜色（Base Color）上链接窗户灯光材质贴图chuanghu3，如图98所示。

将窗户灯光材质贴图chuanghu3同样链接到自发光颜色（Emission Color）上。

标准表面（Ai Standard Surface）着色器的参数如图99所示。

图98

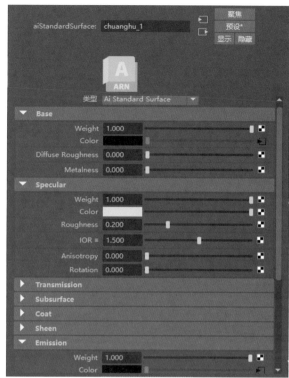

图99

将自发光权重（Emission Weight）设为1.000。

整理一些小元素，比如空调的材质贴图，如图100所示。

图100

在基础颜色（Base Color）上链接空调材质贴图smi3_ACC，如图101所示。

标准表面（Ai Standard Surface）着色器的参数如图102所示。

图101

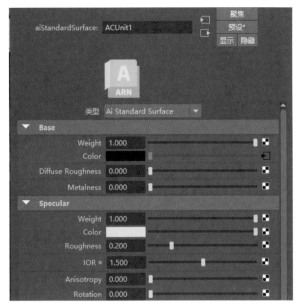

图102

　　还有就是一些招牌的材质纹理的赋予，如图103所示。

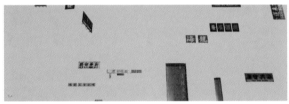

图103

　　在基础颜色（Base Color）上链接商铺招牌的贴图，如图104-1、图104-2、图104-3所示。

　　标准表面（Ai Standard Surface）着色器的参数如图105所示。

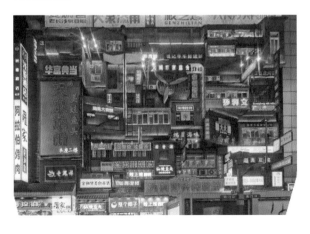

图104-1

图104-2

图104-3

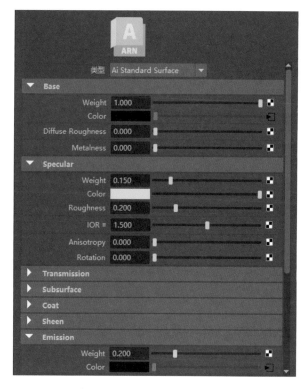

图105

同样地，可以将商铺招牌的贴图链接到自发光颜色（Emission Color）上。

以上招牌的材质设置方式基本相同，差异在于自发光权重（Emission Weight）参数大小的不同，它们可以产生丰富的画面效果。

接下来，给场景中出现的人物模型赋予材质贴图。

这里前景的台阶上是一种逆光的效果，对于这里的人物，可以在材质上提高镜面反射权重（Specular Weight），增加一些轮廓的反光，如图106所示。

图106

在基础颜色（Base Color）上链接人物贴图 BWom0100-HD2-O02P02-D，如图107所示。

标准表面（Ai Standard Surface）着色器的参数如图108所示。

图107

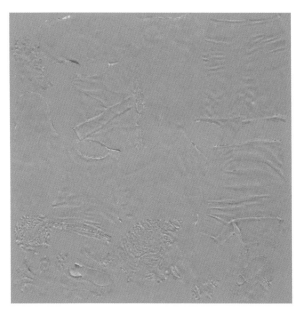

图109

图108

将镜面反射权重（Specular Weight）设为1.000。

将镜面发射颜色（Specular Color）设为白色。

将镜面反射粗糙度（Specular Roughness）设为0.400。

将人物Normal法线贴图BWom0100-HD2-O02P02-N（见图109）链接到Geometry下的Bump Mapping中，使其获得凹凸信息，如图110所示。

将bump节点中的Use as切换成切线空间法线。

将Bump Depth值设为0.100，如图111所示。

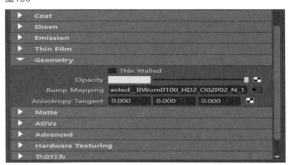

图110

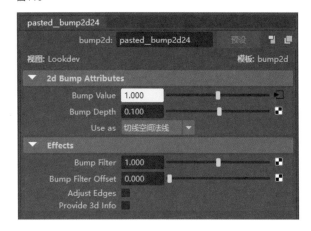

图111

画面中选中的4个人物模型（见图112）的材质贴图链接方式和参数与前面人物材质设置相同，如图113所示。

图112

图113

另外，画面中出现的其他人物模型镜面反射权重（Specular Weight）可以设为0，使其不产生反射效果，其他参数相同。

接下来，对后面的建筑模型的材质进行添加，如图

114所示。

图114

添加链接墙面材质，如图115所示。

标准表面（Ai Standard Surface）着色器的参数如图116所示。

将墙面Normal法线贴图M3D_CyberCity_Facade_01_B（见图117）链接到Geometry下的Bump Mapping中，使其获得凹凸信息，如图118所示。

图115

图116

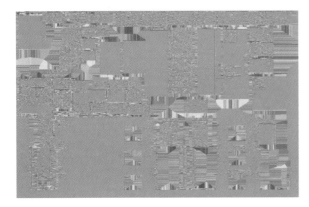

图117

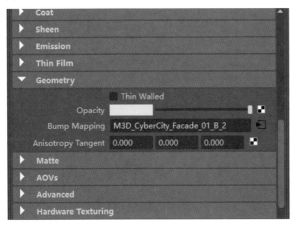

图118

将bump节点中的Use as切换成切线空间法线。

将Bump Depth值设为0.100，如图119所示。

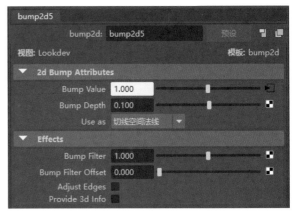

图119

添加其他大楼的墙面材质贴图，如图120所示。

图120

在基础颜色（Base Color）上链接墙面材质贴图KB3D_CPP_PlasticWhite_Diffuse，如图121所示。

标准表面（Ai Standard Surface）着色器的参数如图122所示。

图121

图122

将镜面反射权重（Specular Weight）设为0.000。

同样，将墙面材质贴图KB3D_CPP_PlasticWhite_Diffuse链接到Geometry下的Bump Mapping中，使其获得凹凸信息，如图123所示。

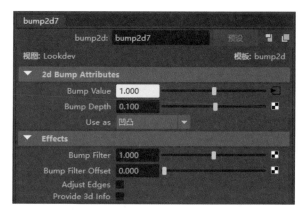

图124

图125

在基础颜色（Base Color）上链接墙面材质贴图KB3D_CPP_PlasticBlack_Glossiness，如图126所示。

标准表面（Ai Standard Surface）着色器的参数如图127所示。

图123

将bump节点中的Bump Depth值设为0.100，如图124所示，效果如图125所示。

图126

图127

将镜面反射权重（Specular Weight）设为1.000。

将镜面反射颜色（Specular Color）设为深灰色（RGB：48、48、48）。

将镜面反射粗糙度（Specular Roughness）设为0.450。

场景中建筑中的外立面如图128所示。

图128

标准表面（Ai Standard Surface）着色器的参数如图129所示。

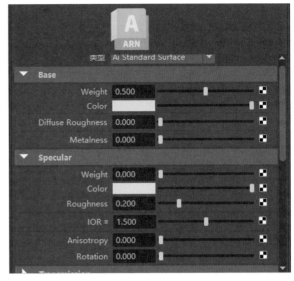

图129

将材质基础颜色权重（Base Weight）设为0.500。

将镜面反射权重（Specular Weight）设为0.000。

将基础颜色（Base Color）设为白色。

效果如图130所示。

图130

左上角大楼和后景中的大楼墙面使用的是同一张砖墙贴图KB3D_BricksOld_Diffuse，如图131所示。

在基础颜色（Base Color）上链接砖墙贴图KB3D_BricksOld_Diffuse。

标准表面（Ai Standard Surface）着色器的参数如图132所示。

图131

标准表面（Ai Standard Surface）着色器的参数如图134所示。

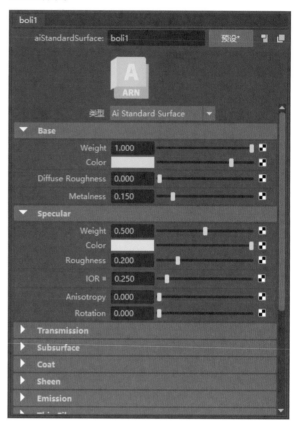

图134

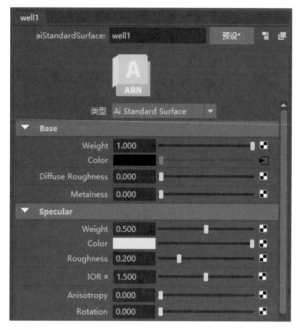

图132

将镜面反射权重（Specular Weight）设为0.500。

大楼窗户玻璃的材质效果如图133所示。

图133

将基础颜色权重（Base Weight）设为1.000。

将基础颜色（Base Color）设为淡灰色（RGB：194、196、200）。

将金属性（Metalness）设为0.150。

将镜面反射权重（Specular Weight）设为0.500。

将镜面反射颜色（Specular Color）设为白色。

将镜面反射粗糙度（Specular Roughness）值设为0.200。

将折射率（IOR）设为0.250。

稍微提亮一点最后的现代大楼，和前面的建筑形成颜色上的区分，如图135所示。

图135

继续使用标准表面（Ai Standard Surface）着色器，如图136所示。

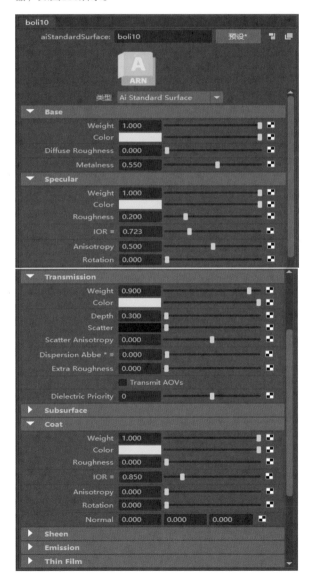

图136

将基础颜色权重（Base Weight）值设为1.000。

将基础颜色（Base Color）设为白色。

将金属属性（Metalness）值设为0.550。

将镜面反射权重（Specular Weight）值设为1.000。

将镜面反射颜色（Specular Color）设为白色。

将镜面反射粗糙度（Specular Roughness）值设为0.200。

将折射率（IOR）值设为0.723。

将透射权重（Transmission Weight）值设为0.900。

将投射颜色（Transmission Color）设为白色。

将透射深度（Transmission Depth）值设为0.300。

将投射率（IOR）值设为0.850。

下面添加街道地面的材质贴图，如图137所示。

图137

在基础颜色（Base Color）上链接街道贴图A_2_4K_Albedo，如图138所示。

标准表面（Ai Standard Surface）着色器的参数如图139所示。

将镜面反射权重（Specular Weight）值设为0.080。

镜面反射颜色（Specular Color）链接反射贴图A_2_4K_Roughness，如图140、图141所示。

将镜面反射粗糙度（Specular Roughness）值设为0.400。

将街道Normal法线贴图A_2_4K_Normal（见图142）链接到Geometry下的Bump Mapping中，使其获得凹凸信息，如图142所示。

将bump节点中的Use as切换成切线空间法线。

将Bump Depth值设为0.100，如图143所示。

街道上车辆贴图材质如图144所示。

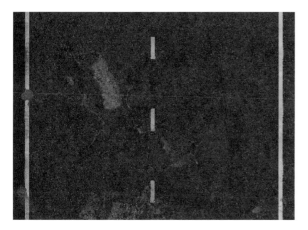

图138

图139

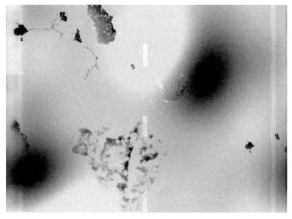

图140

图141

图142

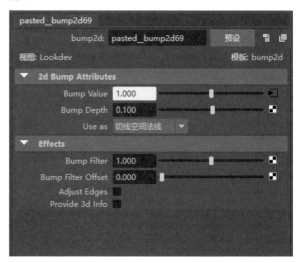

图143

图144

这里主要使用的是Ai Car Paint汽车车漆材质，以及标准表面（aiStandardSurface）着色器的金属、玻璃效果，如图145所示。

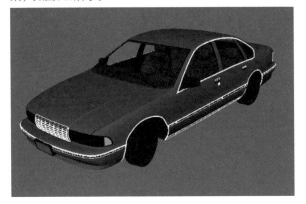

图145

为达到标准表面（Ai Standard Surface）着色器的金属效果，这里我们可以直接使用材质球中金属预设，以提高工作效率。在材质球右上角预设中点击Chrome中的替换就可以了，如图146所示。

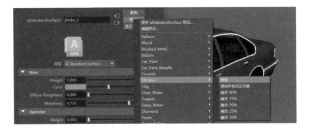

图146

汽车轮胎（见图147）也可以使用材质球中Rubber的预设进行创建，如图148所示。

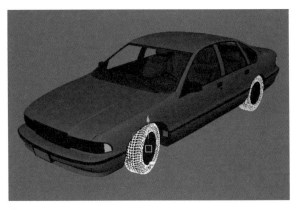

图147

图148

继续使用材质球中Glass预设进行汽车玻璃的创建，如图149、图150所示。

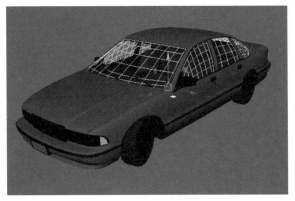

图149

图150

汽车中其他的金属材质如图151所示。

标准表面（aiStandardSurface）着色器的参数如图152所示。

图151

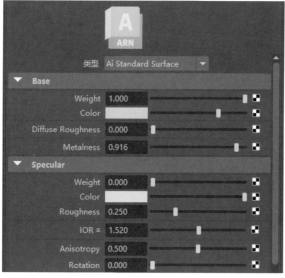

图152

将基础颜色权重（Base Weight）值设为1.000，将基础颜色（Base Color）设为灰白色（RGB：183、183、183），将金属性（Metalness）设为0.916，将镜

面反射权重（Specular Weight）设为0.000。启用金属性（Metalness）后，关闭镜面反射属性，这样就不会影响画面效果。

汽车的内饰材质如图153所示。

图153

标准表面（aiStandardSurface）着色器的参数如图154所示。

图154

将基础颜色权重（Base Weight）值设为1.000，将基础颜色（Base Color）设为灰色（RGB：72、72、72），将漫反射粗糙度（Diffuse Roughness）设为1.000，将镜面反射权重（Specular Weight）设为0.845，将镜面反射颜色（Specular Color）设为白色，将镜面反射粗糙度（Specular Roughness）设为0.600。

下面使用汽车车漆材质，如图155所示。

标准表面（aiStandardSurface）着色器的参数如图156所示：将车漆材质的基础颜色权重（Base Weight）设为0.800，将基础颜色（Base Color）设为黄色（RGB：78、53、0），将其他参数为默认值。为了丰富画面颜色，我们添加了一辆基础颜色（Base Color）设为绿色（RGB：0、20、1）的汽车。

到这里，场景模型中的贴图材质添加的部分已经全部完成，效果如图157所示。在制作过程中，效果可能会有所差异，这是正常的，同样的参数，如果场景模型的大小尺寸不一样，结果也会不同。所以，大家可以根据自己的喜好去调整、完善。

图157

四、Arnold AOV分层渲染

三维软件渲染出来的图片，一般不作为呈现影片最终效果的元素来使用，还需要一个制作工序：后期合成。我们这个案例就是把三维渲染的图片序列（或者单帧）作为素材，然后把不同的渲染层或元素叠加起来，以达到最后的效果。当然，后期合成包含了很丰富的制作内容，这里就先不细述了。分层渲染，就是为了给后期合成提供能分别加以控制的细化渲染层，便于后期软件单独控制每个不同的细节；还有一个作用是诊断光线，观察画面中哪些地方产生了噪波，以便进行修改。

AOV分层在渲染设置中的AOVs栏中进行选择、添加，如图158所示。

图155

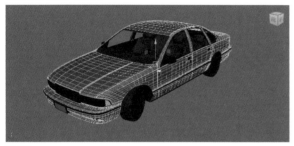

图156

图158

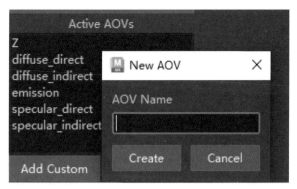

图159

AOV Browser下左侧Available AOVs中的选项是可以选择渲染的渲染层，Arnold已经预设好了名称和平常要用的渲染层。右侧Active AOVs是确定要渲染的渲染层，下方的左右箭头是添加和删除的功能（见图159）。Add Custom按钮可以添加自定义渲染层，有时候在添加ID和AO等渲染层中会用到该功能。下面这些选定后未来要渲染的效果，通常会用到以下渲染层，如图160所示。

name	data	driver	filter
✓ Z	float	<exr> ▼	closest ▼
✓ diffuse_direct	rgb	<exr> ▼	<gaussian: ▼
✓ diffuse_indirect	rgb	<exr> ▼	<gaussian: ▼
✓ emission	rgb	<exr> ▼	<gaussian: ▼
✓ specular_direct	rgb	<exr> ▼	<gaussian: ▼
✓ specular_indirect	rgb	<exr> ▼	<gaussian: ▼
✓ transmission	rgb	<exr> ▼	<gaussian: ▼
✓ transmission_dire	rgb	<exr> ▼	<gaussian: ▼
✓ transmission_indi	rgb	<exr> ▼	<gaussian: ▼

图160

Arnold的AOV分层是把每一个构建物体效果的属性，分离出一个个图层，在后期对某一层属性的修改，会影响到最终的成像效果，这就是Arnold的AOV分层的基本原理。

在合成中，如果要在两个楼之间飞来一架飞机，前面的分层就没法满足了。在这里，Arnold引入的解决方案是ID颜色分层，这样就可以把不同楼的前后遮挡区分开来，具体的实现细节请看后面的讲述。

上述两种分层方式，就基本解决了分层渲染和分层调节的各种需要。

1. Z通道景深层

选择渲染该层，可以渲染出调节景深程度大小的景深图层，在AE等后期软件进行效果的调节，控制前后景的虚实效果。这也是在模拟真实镜头产生的虚实成像，焦距的长短决定了景深的深浅和虚实。

焦距与视角成反比：焦距短，视角大；焦距长，视角小。视角大是指能近距离摄取范围较大的景物，视角小意味着能远距离摄取较大的影像比率。

焦距与景深成反比：焦距短，景深大；焦距长，景深小。景深大小涉及摄影画面中纵深景物的影像清晰度，是十分重要的摄影元素。

将Z渲染层导入AE中，新建合成，在图层中添加ExtractoR效果，在AE效果菜单的3D通道下可以找到该效果（见图161）。Black Point和White Point两个参数可以调节前后景景深的黑白程度效果（见图162）。再在AE里调用镜头模糊特效，实现前虚后实或前实后虚的效果。这个在渲染中经常会用到，也是提升影片效果的常用手段。

图161

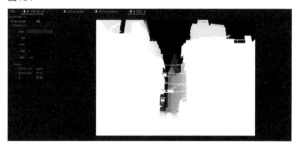

图162

2. ID颜色划分层

这个功能主要在后期合成中，对某个局部物体或景物进行区分，利用渲染出的不同模型的不同颜色，通过MASK选择画面中的元素分别进行调整，如图163所示。

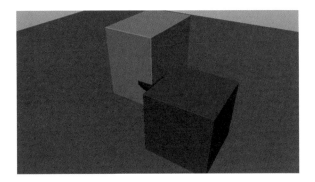

图163

在进行ID的渲染层添加时，要注意ID层的颜色划分是依照Arnold Ai Standard Surface下AOVs中的ID标签进行颜色区分的（见图164）。以简单场景作为参考，将ID 1 AOV名称改为ID，然后将场景中的4个模型分别赋予ID 1不同的颜色：白色、蓝色、红色和浅蓝色，这样在AOV中添加ID层就可以输出ID的颜色划分层，如图165所示。

图164

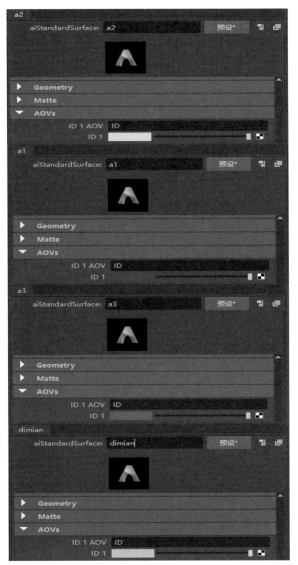

图165

这种方式适用于简单的模型场景，该方法基于Ai Standard Surface材质球下的AOV ID标签进行颜色划分，在复杂场景有很多材质球的情况下，就要用分层的方式进行ID的颜色划分。

点击顶部菜单右侧的分层按钮（见图166），就可以调出分层窗口进行编辑（见图167），点击下方加号按钮可以创建渲染层（见图168），将渲染层取名为City_Mod（见图169），选择该渲染层点击鼠标右键创建集合来创建City_Mod子集合All_Mod（见图170）。

图166

图167

图168

图169

图170

在窗口右边的特性编辑器中进行场景模型的添加，模型的添加模式有两种。

一、在大纲视图中选择要添加进渲染层中的模型，点击添加按钮进行添加，如图171所示。

图171

二、将特性编辑器中的集合过滤器改为自定义，在类型中输出mesh，在添加到集合包含框中输出"*"符号，渲染层中就会添加进所有模型，如图172所示。

图172

接下来，在渲染层City_Mod中再创建一个子集合AOV_ON，对整体的AOV层进行一个整体开启和关闭的控制，方便后续的操作。

将AOV_ON特性编辑器的集合过滤器设为自定义。

点击大纲视图中的展示按钮（见图173），关闭仅DAG对象的勾选项以显示Ai AOV，选择Ai AOV中的一个鼠标中键后拖到类型框中，在添加到集合包含框中输出"*"符号，这样集合AOV_ON就包含了所有的AOV层。

图173

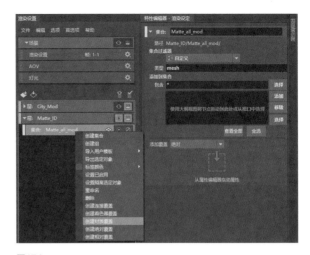

图174

接下来要添加一个关联属性，方便整组AOV的开关。在大纲视图中，选择Ai AOV_diffuse_direct,通过快捷键Ctrl+A调出Ai AOV_diffuse_direct的属性编辑器，鼠标中键点住属性编辑器的Enabled，拖动到特性编辑器中的从属性编辑器拖动属性，这样就实现了通过集合AOV_ON关联整组AOV的开关。这样，总的场景模型渲染层City_Mod就制作完成了。

下面制作ID颜色划分的渲染层。

重新添加一个新的渲染层Matte_ID，再在这个层下面创建一个集合，将整个场景模型添加到子集合Matte_all_mod中（见图174）。这里给子集合Matte_all_mod进行surfaceShader材质球BLACK_MTL黑色覆盖。覆盖颜色有两种方式。

一是在特性编辑器中点击右键，调出选项菜单，选择覆盖材质框后面的棋盘格，在弹出的创建渲染节点中，选择surfaceShader表面着色器进行创建，如图175所示。

图175

二是在Hypershade中创建surfaceShader材质球，取名为BLACK_MTL，节点改为BLACK_MTL_SG（见图176），将节点BLACK_MTL_SG的文字复制到特性编辑器中的覆盖材质框，也就完成了材质覆盖的功能，可以看到场景的模型也被赋予了黑色，如图177所示。

图176

图177

因为渲染层Matte_ID是作为ID的颜色划分渲染层，所以该层是不产生光照效果的。这里要将灯光加入渲染层Matte_ID的子集中，选择大纲视图中的所有灯光，点击特性编辑器中的添加按钮进行添加，点击Lights集合中的禁用按钮，关闭灯光效果。

接下来，对场景中要区分的每一个模型创建一个子集合，并进行surfaceShader不同颜色的材质进行覆盖指定（见图178）。

图178

在渲染层Matte_ID下创建子集合obj7_col，在特性编辑器中将集合过滤器设为自定义，在类型框中输入mesh，在大纲视图中点击展示栏，勾选列表中的形状选项，选中展开的模型obj7下面的形状obj7_shape8，点击鼠标中键拖动到特性编辑器中，在添加到集合下的包含框中后缀添加"*"，这样，子集合obj7_col就只包含obj7的模型了。

继续在Hypershade中创建surfaceShader材质球，取名为RED_MTL，将节点改为RED_MTL_SG（见图179），将节点RED_MTL_SG复制文字到子集合obj7_col中特性编辑器覆盖材质框中（见图180），这样就完成了材质覆盖的功能，可以看到场景的模型也被赋予了红色，如如图181所示。

图179

图180

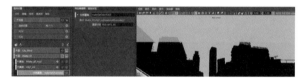

图181

再创建子集合obj3_col：将大纲视图中obj3下面的形状obj3_shape通过鼠标中键拖动到特性编辑器中，添加到集合下的包含框中，后缀添加"*"（见图182）。继续对子集合obj3_col进行材质覆盖（见图183、图184），完成对obj3模型的材质覆盖功能，如图185所示。

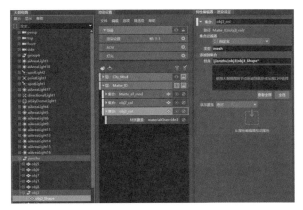

图182

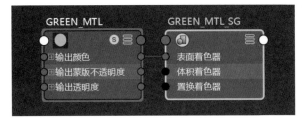

图183

图184

图185

继续创建其他模型的子集合，然后进行材质覆盖。

创建子集合lou13_col，将大纲视图中lou13下面的形状lou13shape，通过鼠标中键拖动到特性编辑器

中，添加到集合下的包含框中，后缀添加"*"（见图186）。继续对子集合lou13_col进行材质覆盖，将节点BLUE_MTL_SG（见图187）复制文字到子集合lou13_col中特性编辑器覆盖材质框中（见图188），完成对lou13模型的材质覆盖功能，如图189所示。

图186

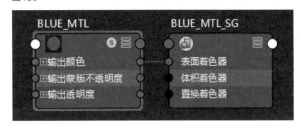

图187

图188

图189

创建子集合obj6_col，将大纲视图中的obj6、obj1和

obj4这3个模型添加进obj6_col的特性编辑器中（见图190），将集合过滤器设为变换。继续对子集合obj6_col进行材质覆盖，完成对obj6、obj1和obj4模型的材质覆盖功能，如图191、图192所示。

创建子集合lou1_col，将大纲视图中lou1下面的形状lou1shape，通过鼠标中键拖动到特性编辑器中，添加到集合下的包含框中，后缀添加"*"（见图193）。继续对子集合lou1_col进行材质覆盖，完成对lou1模型的材质覆盖功能，如图194、图195所示。

图193

图194

图190

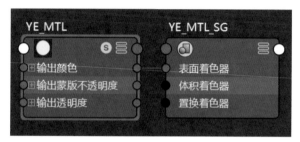

图191

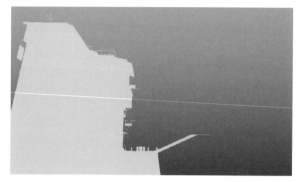

图195

创建子集合lou12_col，将大纲视图中的lou12、lou2和lou8这3个模型添加进lou12_col的特性编辑器中（见图196），将集合过滤器设为变换。继续对子集合lou12_col进行材质覆盖，将节点Zi_MTL_SG（见图197）复制文字到子集合lou12_col中特性编辑器覆盖材质框中（见图198），完成对lou12、lou2和lou8模型的材质覆盖功能，如图199所示。

图192

图196

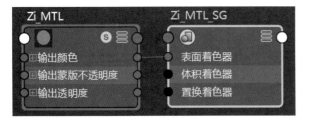

图197

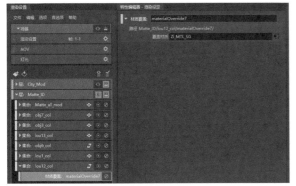

图198

图199

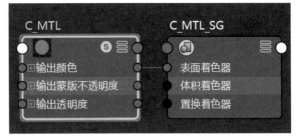

图201

图202

图203

创建子集合lou_G_col，将大纲视图中的lou、lou4和lou5这3个模型添加进lou_G_col的特性编辑器中（见图200），将集合过滤器设为变换。继续对子集合lou_G_col进行材质覆盖，将节点C_MTL_SG（见图201）复制文字到子集合lou_G_col中特性编辑器覆盖材质框中（见图202），完成对lou、lou4和lou5模型的材质覆盖功能，如图203所示。

创建子集合pz_col，将大纲视图中的shangpai12、zhaopai19和pCube1这3个模型添加进pz_col的特性编辑器中（见图204），将集合过滤器设为变换。继续对子集合pz_col进行材质覆盖，将节点SZ_MTL_SG（见图205）复制文字到子集合pz_col中特性编辑器覆盖材质框中（见图206），完成对shangpai12、zhaopai19和pCube1模型的材质覆盖功能，如图207所示。

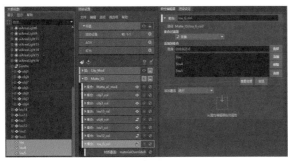

图200

图204

图205

创建子集合people_col，将大纲视图中people_6下面的形状people_6shape，通过鼠标中键拖动到特性编辑器中，添加到集合下的包含框中，后缀添加"*"（见图208）。继续对子集合people_col进行材质覆盖，将节点BLUE2_MTL_SG（见图209）复制文字到子集合people_col中特性编辑器覆盖材质框中（见图210），这样就完成了people_6模型的材质覆盖功能，如图211所示。

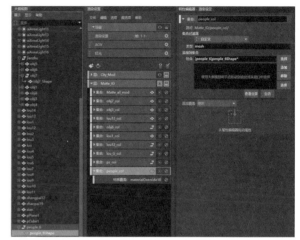

图208

图206

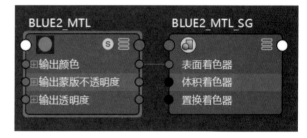

图209

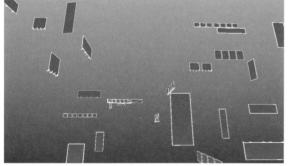

图207

图210

图211

创建子集合pPlane1_col，将大纲视图中pPlane1下面的形状pPlaneShape1，通过鼠标中键拖动到特性编辑器中，添加到集合下的包含框中，后缀添加"*"。继续对子集合pPlane1_col进行材质覆盖，完成对pPlane1模型的材质覆盖功能，如图212、图213所示。

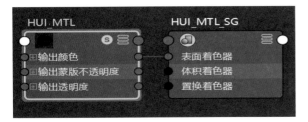

图212

图213

创建子集合CAR_col，将大纲视图中car4下面的形状car4Shape，通过鼠标中键拖动到特性编辑器中，添加到集合下的包含框中，后缀添加"*"（见图214）。继续对子集合CAR_col进行材质覆盖，将节点BAISE_MTL_SG（见图215）复制文字到子集合CAR_col中特性编辑器覆盖材质框中（见图216），完成对car4模型的材质覆盖功能，如图217所示。

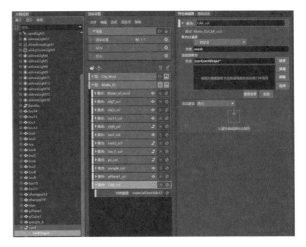

图214

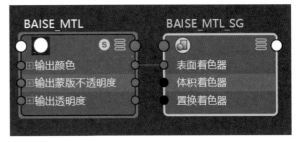

图215

图216

图217

在Matte_ID渲染层中创建其他模型的子集合并进行材质覆盖，和上述方式一样。

因为Matte_ID渲染层只需要输出颜色划分的ID图像，因此并不需要其他AOV层的信息。给渲染层Matte_ID添加一个AOV的开关子集合AOVs_ON_2，关闭Enabled的选项勾，以便在Matte_ID中关闭AOV渲染层，如图218所示。

图218

到这里，ID颜色划分渲染层已经完成了，如图219所示。

ID颜色划分渲染层渲染效果如图220所示。

图219

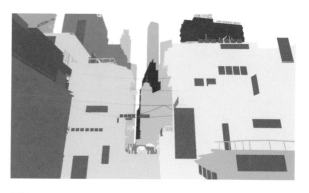

图220

3. AO层

AO层在AOV选项里面是没有的，只能自定义创建AO层（见图221）。简单场景和复杂场景的AO创建方式也不同。先说简单场景，Arnold中的AO效果主要通过aiAmbientOcclusion材质球的赋予模型来实现，如图222所示。

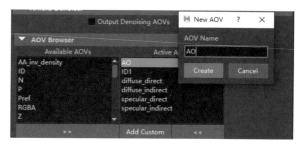

图221

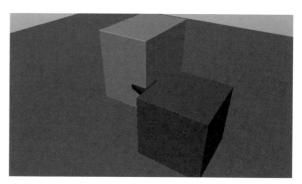

图222

在场景中的4个aiStandardSurface材质球上的ID 2 AOV标签栏中输入AO，如图223所示。

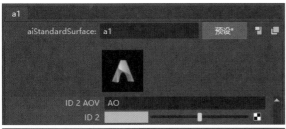

图223

将aiAmbientOcclusion1中的Out Color节点链接到aiStandardSurface a1材质球最上方的白点上（见图224），在弹出的其他按钮里面选择id2，这样aiAmbientOcclusion1就会被链接到id 2 AOV标签栏中（见图225），其他材质球也是同样的操作。到这一步，对简单场景的AO渲染层的设置就完成了，如图226所示。

图224

图225

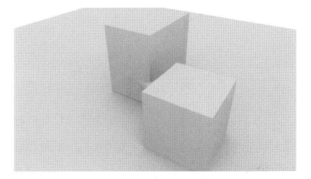

图226

4. 渲染分层设置

复杂的场景模型还是要用到渲染分层，在渲染层AO_Mod下的子集合AO_all中赋予aiAmbientOcclusion材质球覆盖，如图227所示。

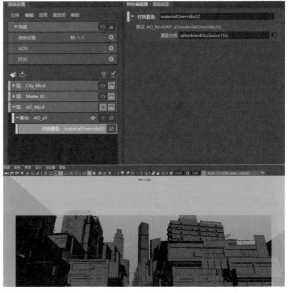

图227

这里和上面Matte_ID渲染层一样，也不需要AOV

层的其他信息。给渲染层AO_Mod也添加一个AOV的开关子集合AOVs_ON_3,关闭Enabled的选项勾（见图228），以便关闭AO_Mod层中的AOV渲染层。

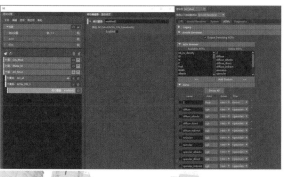

图228

点击面板按钮，进入摄像机camera1的视图，如图229所示。

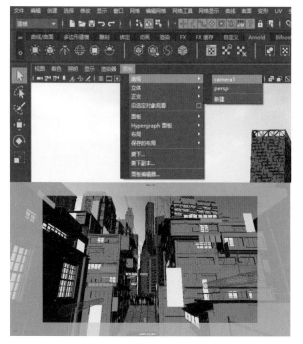

图229

在顶部Arnold下面点击Open Arnold RenderView，打开Arnold RenderView渲染窗口，如图230所示。

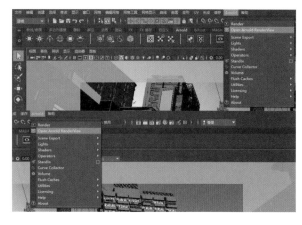

图230

点击右侧的三角图标Start IPR，就可以对摄像机camera1视图中的场景进行前台渲染了，如图231所示。

图231

在这之前，还需要进行Arnold Renderer采样值设置，它在MAYA的渲染设置下的Arnold Renderer栏中，如图232所示。

采样值（Sampling）的设置如下：将Camer（ΛΛ）设为4，将Diffuse设为3，将Specular设为3，将Transmission设为0，将SSS设为0，将Volume Indirect设为3。

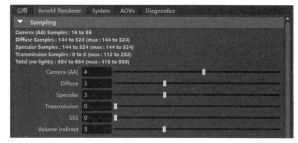

图232

点开MAYA渲染设置下的AOVs栏，在AOV Browser窗口中，选择左侧的Z、diffuse、diffuse_albedo、diffuse_direct、diffuse_indirect、emission、specular、specular_direct、specular_indirect，如图233所示。

图233

点击 >> 按钮，将在Available AOVs中的选中AOV层添加到Active AOVs中。

这样，在最后渲染出图的时候，系统会根据AOV的渲染层输出相关的渲染图。

Beauty层总层可以看到的整体渲染效果如图234所示。

图234

导入后期AE软件中进行效果合成，图层之间相互叠加，根据具体的效果需求，对不同的图层进行细节的调整，以达到效果预期。到这里，场景模型AOV渲染合成就完成了，如图235所示。

图235

五、后期AE合成

1. 渲染总层及AOV层的合成

将渲染的Beauty层导入AE，并通过该层创建AE合成。在项目栏中选择Beauty层，按住鼠标左键不放，将其拖拽到下面的合成图标上（如右下图），这样就创建好了一个与Beauty层尺寸大小一致的合成项目，如图236所示。

图236

由于渲染的图片格式是32位的EXR文件，这个格式类似于我们用单反相机拍摄照片时使用的RAW格式，画面色彩呈现出一层灰色，与实际效果有偏差，需要在AE中添加一个通道效果EXtractoR（效果控件）。选中刚才导入的素材条，点击鼠标右键（见下图左1），在AE效果菜单栏中选择3D通道（AE软件错误翻译成声道）集下的EXtractoR，从而还原色彩效果，如图237所示。

图238呈现的是添加EXtractoR后的效果对比。

在这层中，所有的属性是合并在一起的，我们无法分别调整每一层的效果，这也正是我们后面要分层渲染、分层调整的根本原因所在。

图237

（未添加EXtractoR）

（添加EXtractoR后）

图238 添加EXtractoR效果对比图

下面，我们就需要把AOV分层渲染的图层分别导入AE中，再分别对不同属性的层进行叠加、调整。由于AOV分层渲染是把一个物体在三维软件中构成最终影像的不同属性，以图层的方式分离出来，因此，我们只要调整不同层的属性的强弱，来达到我们最终的目的，这也是这个案例中的合成思路。

我们先导入漫反射层（diffuse_albedo），将其放置在渲染总层之上，添加EXR（EXtractoR），将叠加方式改为屏幕，调整透明度为18%（通过调整透明度，来调节叠加后的强度）。接着叠加diffuse_albed，目的是提亮建筑物，如图239所示。

（叠加diffuse_albed前）

（叠加diffuse_albed后）

图239 叠加diffuse_albed效果对比图

注意事项：

（1）由于后续需叠加其他AOV层，为防止叠加因效果太强而超过预期，在刚开始叠加AOV层时，建议强度（透明度）不要调得过高。

（2）叠加方式根据想保留的信息来做选择：

①如需保留亮部信息，通常选择"相加"或"屏幕"（相加叠加后，曝光度容易过高，屏幕叠加后偏柔和，根据具体想要的实际效果做选择）；

②如需保留暗部信息，通常选择"相乘"作为叠加模式。

导入漫射_直接反射层（diffuse_direct），添加EXR（EXtractoR），将叠加方式改为"屏幕"，调整透明度为10%，目的是提亮整体直接反射信息，如图240所示。

（叠加diffuse_direct前）

（叠加diffuse_direct后）

图240 叠加diffuse_direct效果对比图

　　导入漫射_间接反射层（diffuse_indirect），添加EXR（EXtractoR），将叠加方式改为"相加"（由于该层为阳光在建筑上的反射信息，需要曝光度偏高的叠加方式，故选择相加），调整透明度为43%，目的是提亮建筑物阳光反射信息，如图241所示。

（叠加diffuse_indirect前）

（叠加diffuse_indirect后）

图241 叠加diffuse_indirect效果对比图

　　导入高光反射层（specular），添加EXR（EXtractoR），将叠加方式改为"屏幕"，调整透明度为

17%，其目的是提亮整体高光反射信息，如图242所示。

（叠加specular前）

（叠加specular后）

图242 叠加specular效果对比图

　　导入高光反射层_直接反射层（specular_direct），添加EXR（EXtractoR），将叠加方式改为"屏幕"，调整透明度为12%，其目的是进一步提亮整体高光强度，加强直接反射信息，如图243所示。

（叠加specular_direct前）

（叠加specular_direct后）

图243 叠加specular_direct效果对比图

　　导入高光反射层_间接反射层（specular_indirect），添加EXR（EXtractoR），将叠加方式改为

"屏幕"，调整透明度为36%，其目的是提亮阳光区域建筑物轮廓反射信息，如图244所示。

（叠加specular_indirect前）

（叠加specular_indirect后）

图244 叠加specular_indirect前后的效果对比图

导入自发光层（emission），添加EXR（EXtractoR），将叠加方式改为"相加"，调整透明度为8%，其目的是提亮整体发光信息，如图245所示。

（叠加emission前）

（叠加emission后）

图245 叠加emission前后的效果对比图

此处如想进一步提升建筑物区域的自发光信息，但不需要提高天空及高楼（阳光直射区域建筑）的自发光，就需要用到渲染的ID图层，如图246所示。

将自发光层（emission）复制一层到图层最上方，再导入整体ID图层，放置在图层最上层，复制的自发光层（emission），将轨道遮罩模式调为亮度遮罩（即通过ID层，去除天空部分自发光信息），如图247所示。

图246

（使用ID层做遮罩前的emission层）

（使用ID层做遮罩后的emission层）

图247使用ID层做遮罩前后的emission层前后的效果对比图

由于不需要高楼（阳光直射区域建筑）的自发光，就需要通过画蒙蔽，去除高楼区域。

使用钢笔工具（见图248），画出不需要的区域，在图层的蒙版选项中，勾选反转蒙版，并给数值为的蒙版羽化，让边缘柔和过渡，如图249所示。

图248

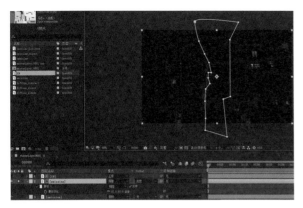

图249

再将复制的自发光层（emission）叠加方式选为
"屏幕"，透明度设为67%，如图250所示。

（叠加第二层emission前）

（叠加第二层emission后）

图250 叠加第二层emission前后的效果对比图

导入环境吸收层（AO层），它的用途是接收物
体环境光的漫反射，使物体更具立体感。添加EXR
（EXtractoR）。由于不需要天空的AO信息，与上一
步emission的处理方式一样，将ID再复制一层，放在
AO层上方，将AO层轨道遮罩模式调为亮度遮罩，如

图251所示。

（使用ID层做遮罩前的AO层）

（使用ID层做遮罩后的AO层）

图251 使用ID层做遮罩前后的AO层效果对比图

再将AO层的叠加方式调为"相乘"，透明度设为
24%，目的是加强整体暗部信息，如图252所示。

（叠加AO层前）

（叠加AO层后）

图252 叠加AO层前后的效果对比图

至此，AOV的叠加使用已完成，效果对比如图
253所示。

（叠加AOV多通道图前）

（叠加AOV多通道图后）

图253 叠加AOV多通道图层前后的效果对比图

每项AOV强度参数（透明度）见图254。

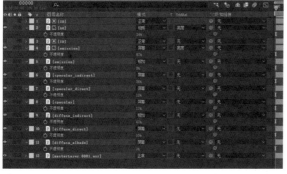

图254

2. 场景整体调整

在图层最上方添加调整图层，并添加色阶（选择要添加的图层，点击鼠标右键—效果—颜色校正—色阶），调整直方图灰度系数为0.87，让整体明暗对比增强，如图255所示。

图255

在调整图层中，再添加曝光度（右键—效果—颜色校正—曝光度），设置曝光度为0.1，以提亮高光区域亮度，如图256所示。

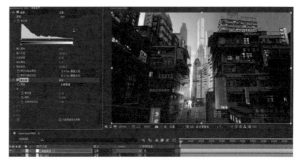

图256

在调整图层中，再添加自然饱和度（右键—效果—颜色校正—自然饱和度），将自然饱和度调至54，以提升整体饱和度。相较于直接调饱和度，自然饱和度会使色彩更自然，推荐使用，如图257所示。

图257

在调整图层中，再添加曲线（右键—效果—颜色校正—曲线），拉高曲线上半部（亮部），降低曲线下半部（暗部），以提升整体对比度，如图258所示。

图258

再添加一层调整图层，放至图层最上方（见图259），添加锐化（图层右键—效果—模糊和锐化—锐化），设置数值为15，以提高整体清晰度，提升整体质感。三维渲染效果合成建议加锐化，从而提升质感。

叠加锐化对比效果如图260所示。

图259

（叠加锐化前）

（叠加锐化后）

图260 叠加锐化前后的效果对比图

至此，整体场景效果已完成，图261为合成前后对比。

（整体场景调色前）

（整体场景调色后）

图261 整体场景调色前后的效果对比图

3. 细节部分调整

选择全部图层，点击AE的图层菜单下面的预合成命令，也可以使用快捷键，即同时按下Ctrl+S+C，合成标题命名为"场景"，如图262所示。

图262

（1）提升霓虹灯牌光感

①将场景图层复制一层，再将ID层放在合成的最上层。

②ID层添加颜色抠像（图层右键—效果—过时—颜色键），以便吸取广告牌颜色（见图263）。

图263

③将颜色键下方的参数，将颜色容差调为1，将薄化边缘调为1，将羽化边缘调为1（见图264）。

图264

④将复制的场景层的遮罩模式改为"Alpha反转遮罩"。

ID层合成原理：将ID层的某一种颜色通过颜色键消除，再将场景层识别ID层的Alpha信息作抠图（见图265）。

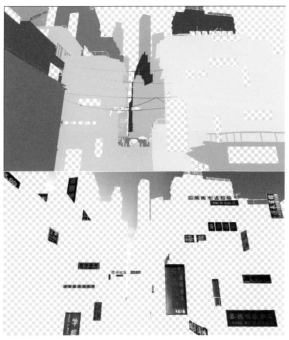

图265

⑤再用钢笔工具，画出霓虹灯牌的蒙版（见图266）。

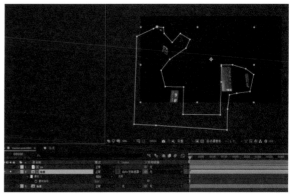

图266

⑥将使用遮罩的场景层和ID层预合成，命名为"霓虹灯牌"，在合成层上添加Deep Glow（一款辉光插件，推荐使用）（见图267），将半径调为20，将曝光调为0.01。曝光数值不宜过大，会产生违和感（见图268）。

图267

图268

加强霓虹灯牌对比效果如图269所示。

（加强霓虹灯牌前）

（加强霓虹灯牌后）

图269 加强霓虹灯牌前后的效果对比图

（2）做日光的光束效果

①再复制一层场景层，将其重命名为"光束"，设置在合成最上方位置，使用钢笔工具，画出日光区域蒙版（见图270）。

图270

②在光束层上添加shine（图层右键—效果—RG Trapcode—shine）（一款产生光束、丁达尔光的插件）（见图271）。

图271

③调整Shine光线颜色、中间调（Midtones）及阴影（Shadows）颜色如下（见图272）。

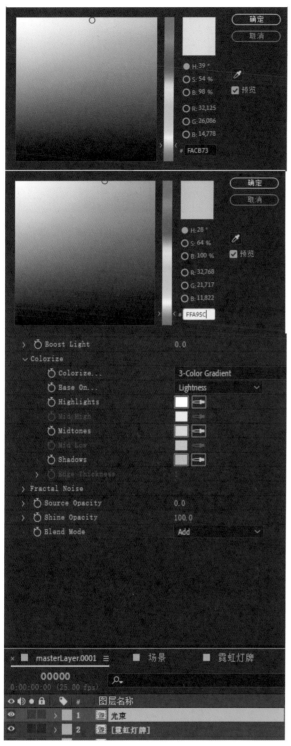

图272

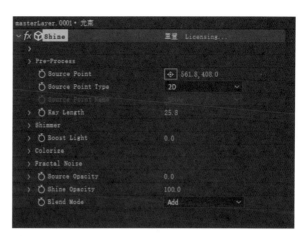

图273

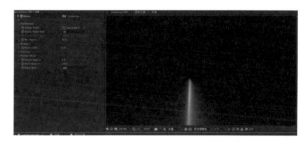

图274

⑤将光束层叠加方式改为"屏幕"（见图275）。

图275

④调整光的照射方向，设置其强度为25.8，Source Opacity设为0（关闭原图层信息），将混合模式（Blend Mode）改为相加（Add），效果如图273、图274所示。

（3）对高楼（三栋蓝色高楼）做偏色处理

①将ID层放置在合成最上方位置。

②新建纯色图层（纯白色），放至ID层下方（见图276）。

154

图276

③将ID层与纯色层预合成，图层命名为"ID2"。目
的是让ID层天空也有颜色信息，并将ID2合成层作为ID图
使用（见图277）。

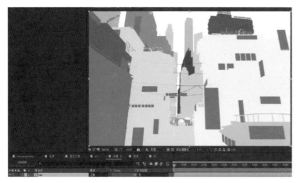

图277

④在ID2合成层上添加3个颜色键效果（右键—效
果—过时—颜色键）（见图278），分别吸取三栋高楼的
颜色（绿、紫、灰），并调整颜色键参数（见图279）。

图278

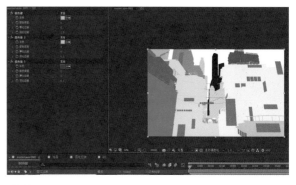

图279

⑤再复制层场景层，放至ID2层下方，设置场景层遮
罩模式为"Alpha反转遮罩"。至此，即可将三栋高楼通
过ID层单独抠出（见图280）。

图280

⑥将ID2与使用反转遮罩的场景层预合成，命名为
"大楼"（见图281）。

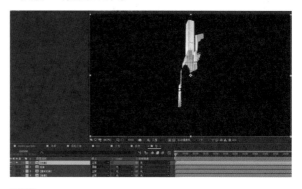

图281

⑦在大楼层添加Lumetri颜色（图层右键—效果—颜
色校正—Lumetri颜色）（见图282），在色轮中，使高
光色偏向橙色，高光稍降低。这样做可以让大楼颜色偏向
日光色，整体统一（见图283）。

图282

图283

（4）对三栋高楼中最矮的那栋楼进行色彩调整

①复制一层大楼层，放置在最上方，再复制一层ID2，命名为"ID3"。将ID3层放置在合成最上方，添加颜色键，以便吸取三栋高楼中最矮的那栋楼对应的颜色，并调整颜色键参数（见图284）。

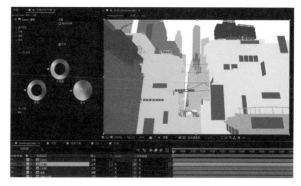

图284

②复制的大楼层对ID3使用"Alpha反转遮罩"，并将两层预合成，命名为"矮楼"。对矮楼层添加自然饱和度，数值设为-70，目的是让这栋楼与整体更为融合（见图285）。

图285

至此，细节部分已合成完成，如图286所示。

（细节调整前）

（细节调整后）

图286 细节调整前后的效果对比图

4. 景深及风格化处理

（1）景深添加

①将上述所有合成层预合成，命名为"总"。

②导入Z通道图，放置在总层下方（见图287）。

图287

③Z通道图添加EXR（EXtractoR），在EXR中，Layers选择Y。将黑色数量（Black Point）调为280.00，将白色数量（White Point）调为149.00（见图288）。

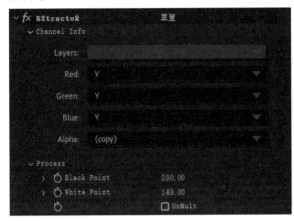

图288

景深层可通过调整黑色与白色数量，调整清晰与景深模糊的区域（白色为清晰，黑色为模糊，灰色为中间过渡）（见图289）。

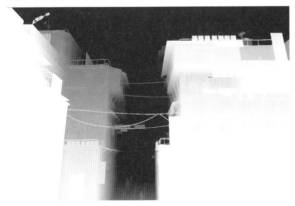

图289

④总层上添加一款景深插件（FL Depth Of Field）（见图290），depth layer选择Z通道图以及效果和蒙版，将模糊大小（radius）值调为1.2（见图291）。

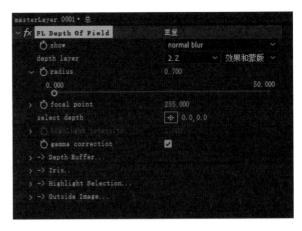

图290

图291

（2）风格化效果添加

①新建调整图层，放置在合成最上方。

②调整图层添加风格化调色插件（Mojo Ⅱ）（见图292）。在Mojo Ⅱ中，风格（My Footage Is）选择Video（具体参数见图293），也可以在Preset中直接选择一种效果预设（见图294）。

图292

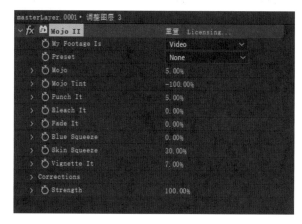

图293

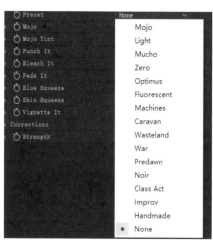

图294

风格化效果合成前后对比效果如图295所示。

（合成前）

（合成后）

图295 风格化效果合成前后对比效果图

至此，全部合成已完成，最终效果如图296所示。

图296

CHAPTER 5
真实皮肤渲染案例

一、人物模型的准备与检查

制作人物或怪物模型，有两种方式：一是找一个基础模型，在MAYA或者Zbrush中进行模型雕刻修改；二是在MAYA或者Zbrush中直接进行模型的制作。

这里会从MAYA制作基础模型开始，找到我们想要制作的模型效果图进行参考（见图1）。

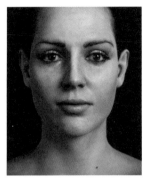

图1

将效果图导入MAYA中，进行模型的制作（见图2）。

图2

将怪物基础模型进行UV的拆分工作，可以简化后续导入Zbrush中再制作纹理贴图的相关操作（见图3）。

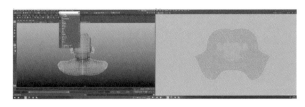

图3

UV的拆分原则是：一、尽量避免相互重叠；二、避免拉伸；三、尽可能减少UV的接缝；四、接缝应安排在摄影机及视觉注意不到的地方或结构变化大、材质外观不同的地方。

选择场景中怪物模型需要切开的线段（见图4），在UV编辑器中对其进行切割操作（见图5），UV编辑器在MAYA顶部菜单栏UV中打开。

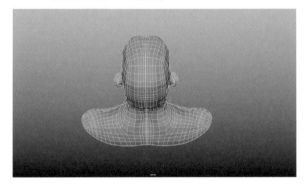

图4

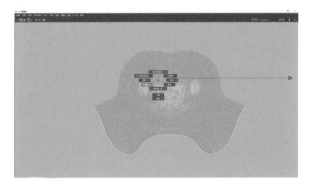

图5

在切割命令完成之后，选中模型，在UV编辑器中同时按住Ctrl+鼠标右键（见图6），鼠标往右移动选择到UV，就可以进入模型的UV点模式（见图7）。

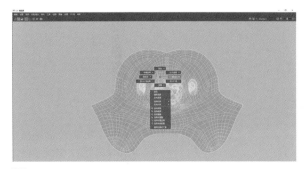

图6

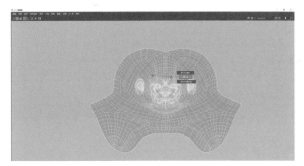

图7

在UV点模式下，同时按住Shift+鼠标右键，在弹
出的菜单栏中选择优化，以进行UV的展开操作（见图
8）。

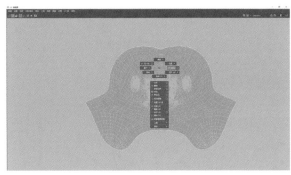

图8

给模型进行checker棋盘格节点材质的赋予，可以观
察模型中的UV是否有拉伸（见图9）。完成以上步骤之
后，接下来就可以导出obj格式，将其导入Zbrush，以进
行怪物模型的细节纹理雕刻。

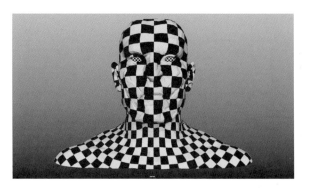

图9

打开Zbrush软件，在右侧工具栏中点击Tool图标
（见图10），在弹出的3D Meshes中点击Cylinder3D，
进行圆柱体模型创建（见图11）。按快捷键T进入编辑模
式，在编辑模式下才可以进行移动、缩放、旋转的操作
（见图12）。

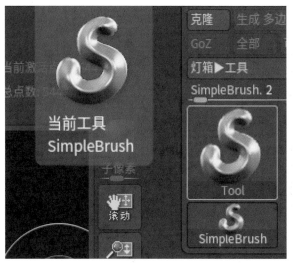

图10

图11

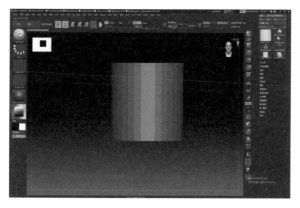

图12

然后点击右侧工具栏中的"导入"按钮（见图13），选择从MAYA中导出的怪物obj格式的模型（见图14）。

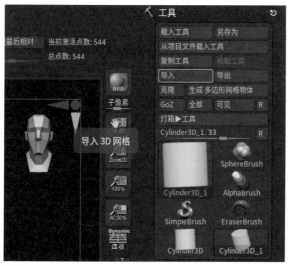

图13

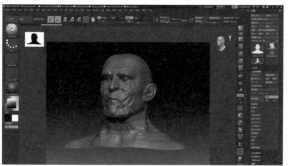

图14

下面开始在Zbrush中的怪物模型上雕刻细节纹理。首先是增加模型的面数，可以通过使用快捷键Ctrl+D来实现，也可以在左侧工具栏下的几何体编辑中点击细分网格进行面数的增加，使其更符合高模的雕刻条件，这里可以将细分级别提高到5级（见图15）。

图15

在进行雕刻之前，还可以对Zbrush中的雕刻笔刷进行一个快捷键设置（见图16）。

图16

按快捷键B，调出笔刷界面，选择常用笔刷进行设置，同时按住快捷键Ctrl+Alt单击鼠标左键，点击笔刷，输入想要设置的快捷键，在弹出的Note提示框中，点击确定，就完成了快捷键的设置。

笔刷快捷键如图17所示。

将笔刷Flatten快捷键设为1，将笔刷ClayBuildup快捷键设为2，将笔刷Move快捷键设为3，将笔刷FormSoft 快捷键设为4，将笔刷Damstandard快捷键设为5。

接下来，就是在模型上雕刻细节，加强怪物的脸部特征（见图18）。

图17

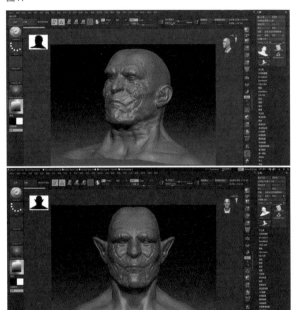

图18

在左侧点击Stroke，在弹出的笔触类型窗口中，选择DragRect（见图19）。

图19

然后在左侧点击Alpha，在弹出的纹理窗口中导入Alpha纹理贴图（见图20）。

图20

这里加入3种类型的皮肤的Alpha纹理贴图，以增加模型的皮肤细节（见图21）。

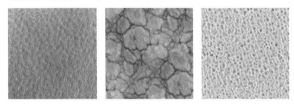

图21

在赋予Alpha纹理贴图的时候同时按快捷键Alt，可以绘制反向纹理效果（见图22）。

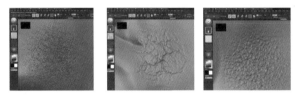

图22

到这里，模型细节基本完成了。下面在Zbrush中进行纹理贴图的绘制，如图23、图24、图25、图26、图27所示。

图23

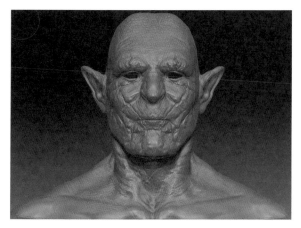

图24

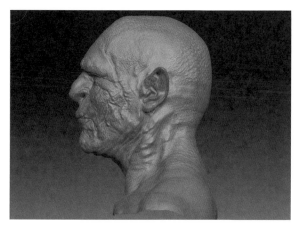

图25

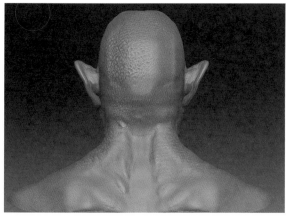

图26

图27

首先要给模型赋予一个基础底色，在色彩中选择好颜色后，点击填充对象按钮，就可以将选择的颜色赋予到怪物的模型上去（见图28）。

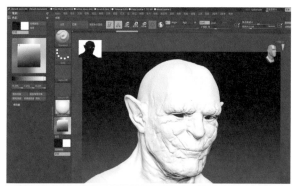

图28

将笔刷类型由Zadd改为Rgb，这样就可以在模型上进行绘制纹理的工作了（见图29）。

图29

在Stroke中选择Color Spray，在Alpha中选择
Alpha 07，就可以绘制出类似于喷枪的画面效果（见图
30）。

颜色的选择在左下方，可以设置两种颜色，持续按住
Alt键，可以启用右边的备用颜色，按住快捷键V可以在
两种颜色之间进行切换。（见图31）

图30

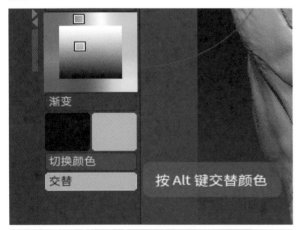

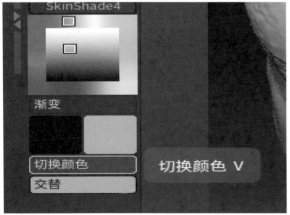

图31

继续绘制怪物模型贴图纹理（见图32）。

怪物模型上的贴图绘制完成之后（见图33），要在
右侧工具栏下的UV贴图中设置UV的贴图大小。

这里，UV贴图大小选择4096（见图34）。

图32

图33

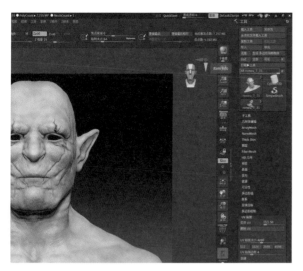

图34

UV贴图里面的变换UV可以在场景中自动展开UV纹
理图。在展开UV中的纹理效果中，可以查看绘制的颜色
（见图35）。

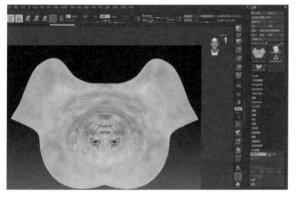

图35

在确定好UV尺寸大小后，点开下面的纹理贴图栏，
点击创建下面的通过多边形绘制新建，将绘制完成的纹理
贴图以UV尺寸大小创建出来（见图36）。

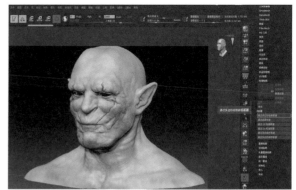

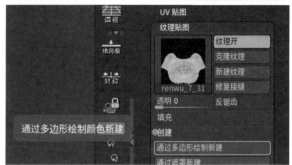

图36

值得注意的是，现在创建出来的纹理贴图包括UV贴
图和MAYA所生成的贴图，它们是上下倒转的，需要将
其反转一下。点击其中的克隆纹理，这样该贴图就会被克
隆进顶部的纹理栏中（见图37）。选择纹理贴图，点击
下方的垂直转按钮，进行垂直方向翻转操作，这样纹理贴
图就和MAYA中的贴图方向一致了（见图38）。

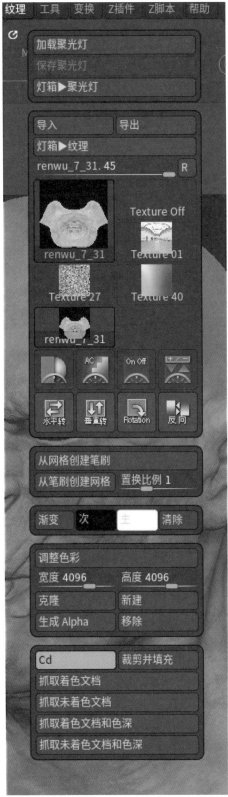

图37

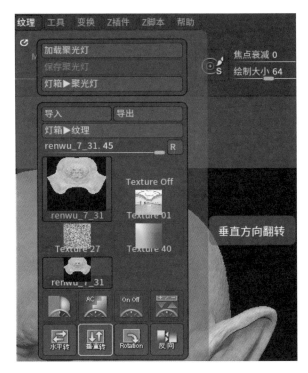

图38

做完以上几个准备工作之后，点击导出按钮（见图39），就可以将Zbrush绘制的纹理，选择场景贴图的位置进行导出（见图40）。

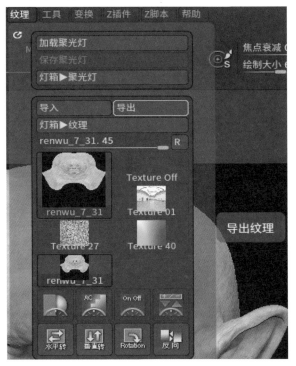

图39

图40

接下来，继续创建怪物的法线贴图。

点击下方法线贴图栏中的创建法线贴图按钮（见图41），注意：此时会弹出无法创建的弹框，需要对场景中的怪物模型进行最低细分级别的操作，才能进行创建（见图42）。

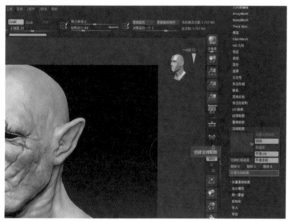

图41

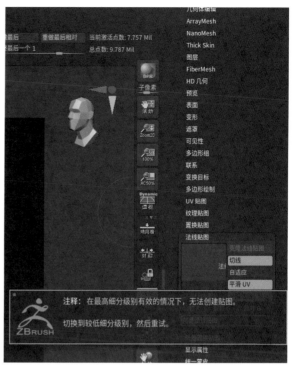

图42

需要在上方找到几何体编辑栏，将其中的细分级别从6级降到1级，这样就得到了最低细分级别的怪物模型（见图43、图44）。

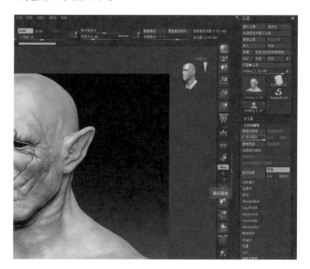

图43

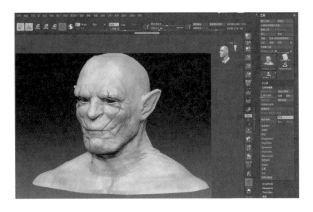

图44

接下来，点击法线贴图栏中的创建法线贴图按钮，法线贴图的创建就完成了（见图45）。注意在其右侧点亮切线、平滑UV和平滑法线等选项（见图46）。

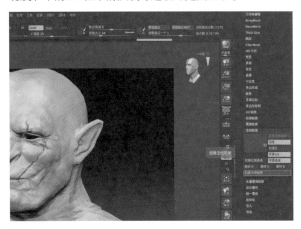

图45

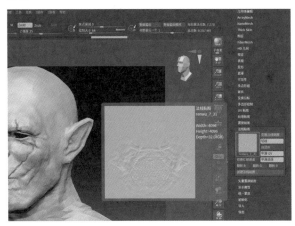

图46

法线贴图的导出和纹理贴图的导出相同。先在法线贴图栏中点击克隆法线贴图（见图47），将该贴图克隆进顶部的纹理栏中。选择纹理贴图，点击下方的垂直转按

钮，进行垂直方向翻转操作（见图48），这样纹理贴图就和MAYA中的贴图方向一致了。

做完以上几个准备工作之后，点击导出按钮（见图49），就可以将Zbrush绘制的法线纹理，选择场景贴图的位置进行导出（见图50）。

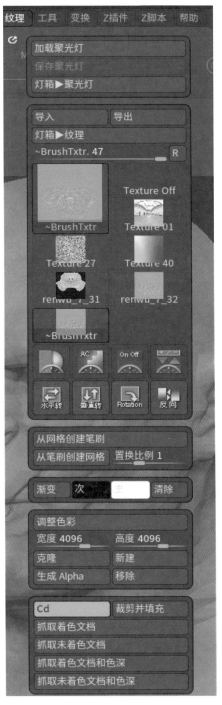

图47

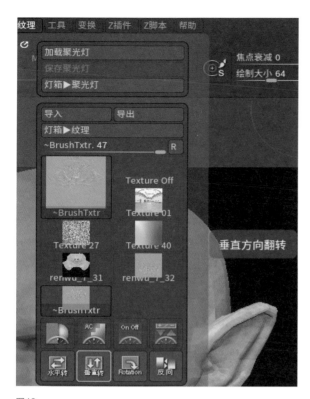

图48

图49

图50

到这里，导出的两张纹理贴图后续会在Photoshop中作为基础图，以便进行修改和其他材质纹理的制作（见图51）。

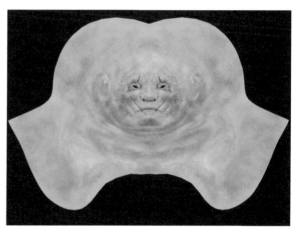

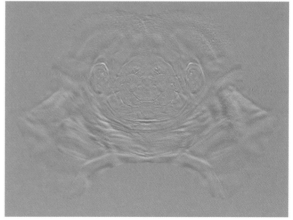

图51

下面选择子工具栏中需要导出的怪物模型，点击右上方导出按钮（见图52），选择要导出的文件路径，取好名称后，对其进行obj格式的导出（见图53）。

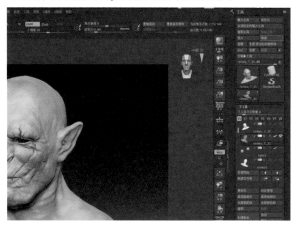

图52

图53

到这里，在Zbrush中的工作基本已经完成了，下面要进入MAYA，进行Arnold SSS效果的渲染测试。

二、 为角色设置摄影机和灯光

将怪物的obj导入MAYA软件中（见图54、图55），创建一个摄影机（见图56），在MAYA菜单栏中，选择创建菜单集下的摄影机进行创建（见图57）。在渲染设置中进行画面尺寸设置，以调整最佳的画面构图效果。

图54

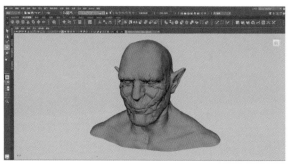

图55

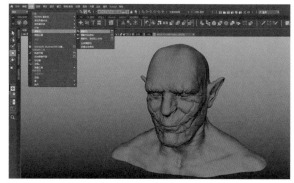

图56

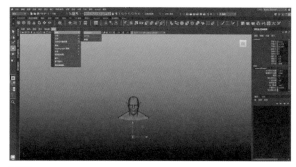

图57

设置好渲染尺寸的比例后，也就是确定画面的外框边界、将摄影机的参数设置好了后，把摄影机锁定。锁定摄影机必须进入摄影机视角，在左上角面板栏下的透视中找到摄影机的名称camera1，点击后就能进入摄影机视角了（见图58）。点击左上角的第一个选择摄影机的图标小按钮，点击后可以选择当前摄影机，再点击锁定摄影机的小按钮，就能完成摄影机的锁定操作（见图59）。

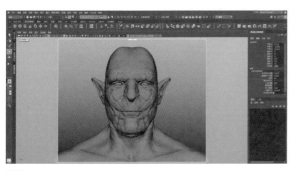

图58

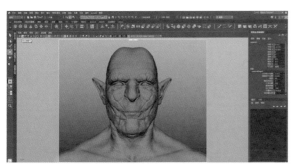

图59

下面对场景中的怪物模型添加一个aiSkyDomeLight环境球（见图60），再进行HDR链接设置（见图61），给怪物模型设置一个基础照明（见图62）。

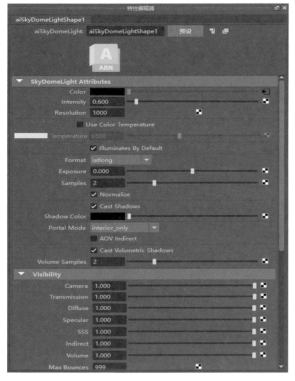

图60

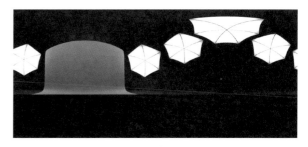

图61

图62

将强度（Intensity）值设为0.6，采样（Samples）值设为2。

接下来，进行主光源的创建。这里使用的是Arnold的Ai Area Light，将其放在倾斜的左前上方（见图63）。

图63

将强度（Intensity）值设为40，将曝光（Exposure）值设为7，将采样（Samples）值设为2（见图64）。

复制当前的主光源，将其移动到模型的右侧下方（见图65）。

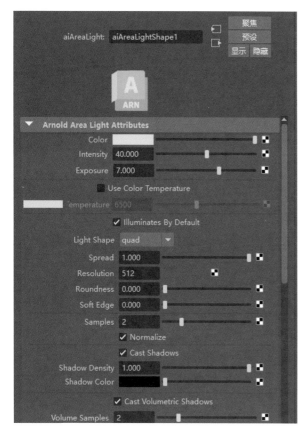

图64

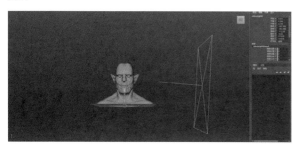

图65

将强度（Intensity）值设为15，将曝光（Exposure）值设为3.5，将采样（Samples）值设为2（见图66）。

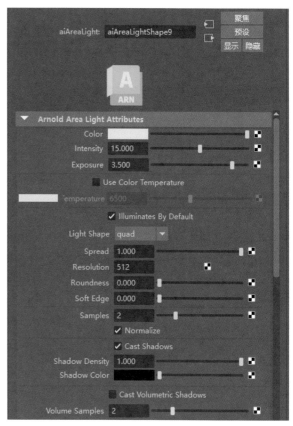

图66

这样，灯光方面的设置就完成了（见图67）。

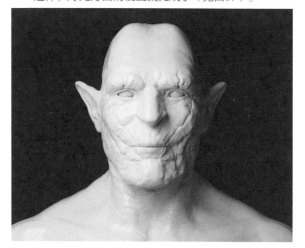

图67

三、SSS材质的指定与贴图

下面进行Arnold的SSS材质的设置，首先将此前从Zbrush中导出的两张基础图进行加工，制作出另外的节点的贴图效果（见图68）。

在Photoshop中导入Color图，找一张正常皮肤的纹理贴图，进行饱和度的混合，将不透明度设为77%（见图69）。

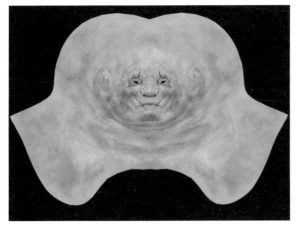

图68

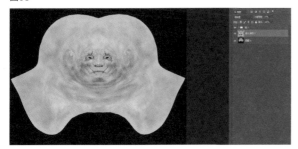

图69

选择两个图层，同时按住Ctrl+E，将它们组合成一个图层。再复制当前层，使其往红色部分靠一靠。然后在当前层进行矢量蒙版添加（见图70），将黑色填满蒙版层，使其不再显示。按住快捷键B后选择笔刷，用白色将脸部需要加深纹理的部分绘制出来（见图71）。这样，最后的脸部纹理效果图就制作完成了（见图72）。

图70

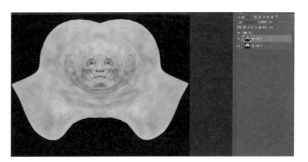

图71

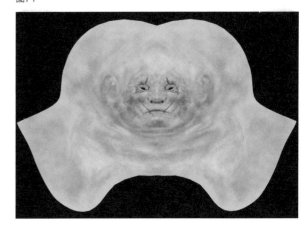

图72

该纹理贴图会用在Arnold的Ai Standard Surface中次表面（Subsurface）栏下，将其链接到次表面颜色（SubSurface Color）中，这里使用的图片格式是tiff

（见图73）。

图73

接下来，继续制作将链接到下方Radius中的SSS纹理图。首先将基础的颜色纹理图进行深红色颜色调整，直接复制颜色纹理层，即通过按快捷键Ctrl+C、Ctrl+V完成复制之后，同时按住Ctrl+M，在调出的曲线弹窗左侧输出（O）值为56、下方输入（I）值为193。点击确认后完成调整，如图74所示。

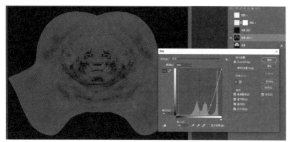

图74

对深红色纹理层进行矢量蒙版操作（见图75），按住快捷键B后选择笔刷，用白色将脸部需要加强SSS效果的位置部分绘制出来（见图76）。

图75

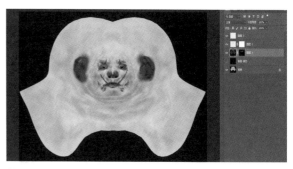

图76

再给其添加一个黑色背景，到这里，SSS贴图纹理也制作完成了（见图77）。

图77

将SSS贴图链接到Radius上，将Scale设为0.015（见图78）。

图78

继续制作链接到Specular Weight和Roughness上的两张贴图（见图79、图80）。

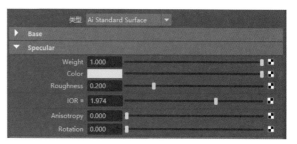

图79

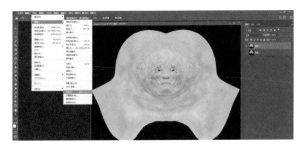

图80

依然回到Photoshop中，将基础的纹理贴图进行去色处理，在此基础上，点击顶部菜单栏中的图像，找到图像后点开里面的亮度/对比度（C）（见图81），这样重复两次：第一次将对比度拉到100、亮度值设为−30（见图82），第二次将对比度的再次拉到100、亮度保持为0不变（见图83）。这样，链接到Roughness的贴图就制作完成了（见图84）。

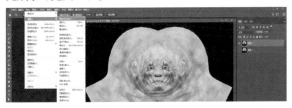

图81

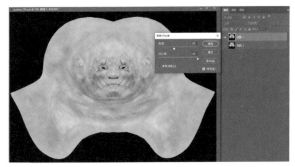

图82

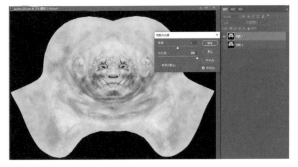

图83

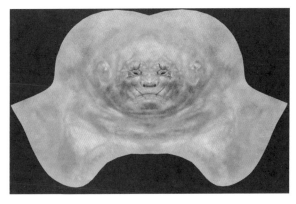

图84

下面制作Specular Weight的贴图。在Roughness贴图的基础上，继续增加亮度/对比度效果，将亮度值设为−100、对比度设为30（见图85）。

到这里，链接到Specular Weight的贴图也制作完成了（见图86）。

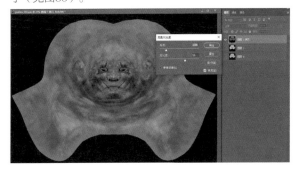

图85

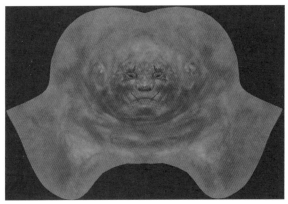

图86

将Color贴图链接到Specular Color上，将IOR值设为1.974（见图87）。

图87

接下来，再制作一张链接到Coat Weight上用来控制表面涂层高光的贴图，以使皮肤更有质感。

在Specular Weight基础上将曲线往下拉，O（输出）为80，I（输入）为166（见图88、图89），将Roughness的贴图作为亮部信息（见图90），给其添加矢量蒙版（见图91），将亮部信息绘制到脸部合适的位置上，到这里，链接到Coat Weight的贴图也制作完成了（见图92）。

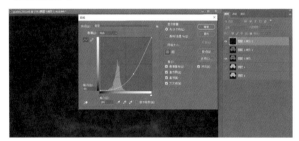

图88

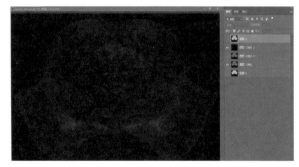

图89

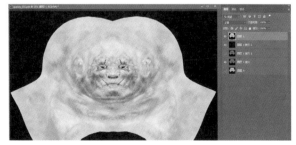

图90

图91

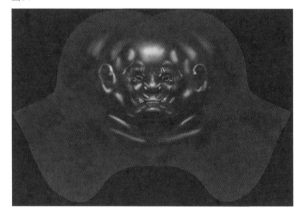

图92

将Coat Roughness值设为0.150，将IOR值设为1.600（见图93）。

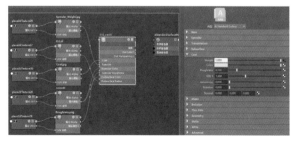

图93

前面还有剩下的normal法线贴图没有使用（见图

94），将其链接到Geometry中的Bump Mapping中（见图95），在bump的特性编辑器中，将Use as改为切线空间法线（见图96）。

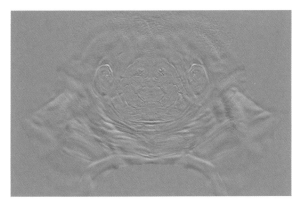

图94

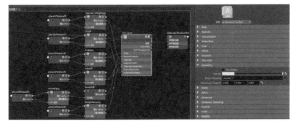

图95

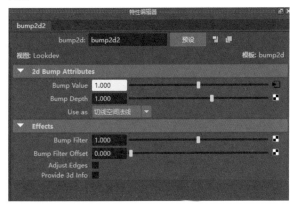

图96

这里可以将Base中Weight、Diffuse Roughness和Metalness的参数都设置为0.000，只启用此表面散射的属性（见图97）。

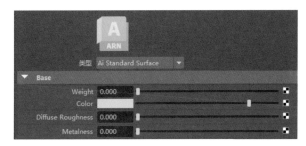

图97

为了增加皮肤的纹理真实感，再创建一个aiNoise，将其添加到皮肤材质球的置换着色器中，将Scale值设为25.000（见图98）。在节点编辑窗口中点开aiNoise2中的Out Color，将其中的Out Color R链接到dispacementShader4中的置换上，将dispacementShader4右边的绿色小点链接到皮肤材质球的置换着色器上（见图99），将dispacementShader4节点的置换属性比例设为0.007（见图100）。

图98

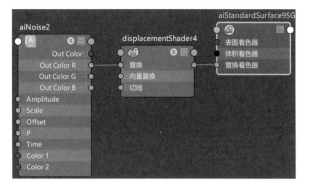

图99

图100

还有一点，将Base Weight设为0，关闭基础底色，只启用次表面（Ai Standard Surface中Subsurface）的颜色属性。

给眼睛赋予一张眼球的贴图（见图101），将眼球贴图eye链接到Base Color上，将Specular Weight设为0，以关闭镜面反射效果，将Coat Weight设为1（见图102）。

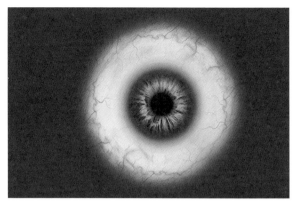

图101

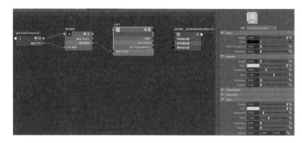

图102

到这里，Arnold的SSS材质贴图部分已经基本完成了。

四、渲染测试与最终渲染设置

点击面板按钮，进入摄影机camera1的视图（见图103、图104、图105）。

图103

图104

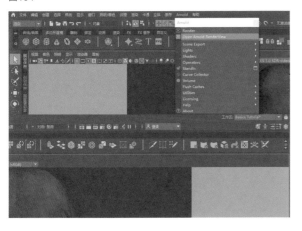

图105

在顶部Arnold下面点击Open Arnold RenderView，打开Arnold RenderView渲染窗口（见图106）。

图106

点击三角图标Start IPR，就可以对摄影机camera1的视图进行前台渲染了。

在MAYA的渲染设置下的Arnold Renderer栏中（见图107），对采样值（Sampling）进行如下设置：将Camer（AA）值设为5，将Diffuse值设为3，将Specular值设为3，将Transmission值设为3，将SSS值设为5，将Volume Indirect值设为0。

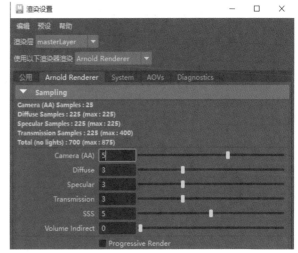

图107

点开MAYA的渲染设置下的AOVs栏，在AOV Browser窗口中（见图108）选择左侧的Z、coat_direct、coat_indirect、diffuse_direct、diffuse_indirect、specular_direct、specular_indirect、sss_direct、sss_indirect、transmission_indirect，点击"＞＞"按钮，将在Available AOVs中选中的AOV层添加到Active AOVs中。下面就可以直接进行前台渲染测试了。

图108

这是Beauty层总层可以看到的整体渲染效果（见图109）。

图109

其他层的渲染效果见图110。

外涂层_直接反射层

外涂层_间接反射层

漫射层_直接反射层

漫射层_间接反射层

高光层_直接反射层

高光层_间接反射层

SSS层_直接反射层

SSS层_间接反射层

折射层_间接反射层

图110

五、人物后期AE合成

针对人物的合成方法有别于场景合成，可以利用渲染的多通道（AOV）相叠加后，组成最终渲染层，再分别对每层AOV做细节调整。此合成方法的优点在于：可以更细致地调整想要部分的信息，但需要将有信息的AOV层都进行渲染，否则，与原最终渲染效果相比，叠加后的效果会有信息丢失。通常会涉及的AOV包括漫射层（diffuse）、高光层（specular）、折射层（transmision），此次人物合成还设计SSS层及外涂层（coat）。

1. 素材导入及整理

（1）将渲染的AOV合集层导入AE，并以该层创建AE合成，以确保合成层尺寸大小与渲染图层匹配（见图111）。

图111

（2）调整项目颜色深度。单击项目框下方颜色深度键，在项目设置框中，选择颜色，深度选择16位，工作空间选择SRGB，勾选下方线性化工作空间，最后点击下方的确定键（见图112）。

（单击颜色深度键）

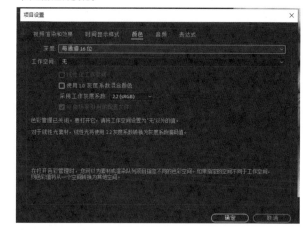

（选择上方颜色）

（深度选择16位）

（工作空间选择SRGB）

（勾选线性化工作空间）

图112

（3）为AOV层添加EXR（EXtractoR：图层右键—效果—3D声道—EXtractoR）（见图113）。

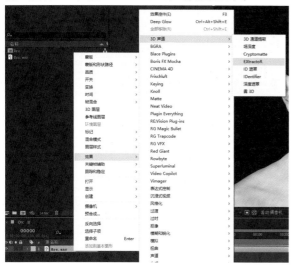

图113

（4）将该AOV层复制9层，后续不用反复将AOV层拖入合成中（见图114）。

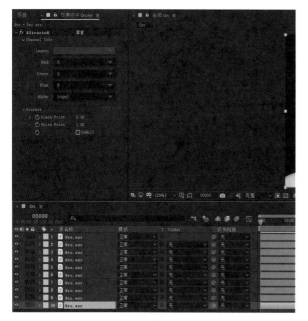

图114

（5）选择最下层AOV，在效果控件的EXR（EXtractoR）选项中，选择外涂层_直接反射层（coat_direct），并将该层重命名为coat_direct（见图115）。

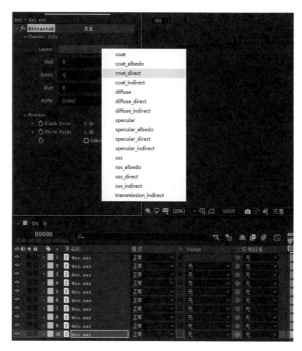

图115

（6）再在倒数第二层AOV的EXR中，选择外涂层_间接反射层（coat_indirect），并将该层重命名为coat_indirect（见图116）。

图116

（7）后7层AOV以此类推，分别选择漫射层_直接反射层（diffuse_direct）、漫射层_间接反射层（diffuse_indirect）、高光层_直接反射层（specular_direct）、高光层_间接反射层（specular_indirect）、SSS层_直接反射层（SSS_direct）、SSS层_间接反射层（SSS_indirect）、折射层_间接反射层（transmission_indirect）。对应所选择的EXR通道分别对图层进行重命名（见图117）。

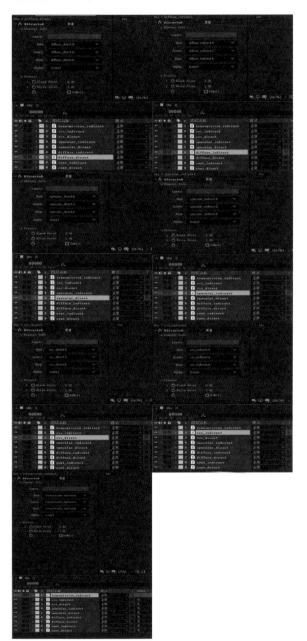

图117

（8）将所有AOV图层的叠加模式选择相加，这样便可以还原AOV图层渲染的实际效果（见图118）。

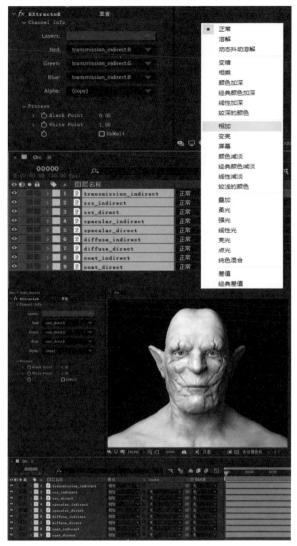

图118

（9）将外涂层_直接反射层（coat_direct）与外涂层_间接反射层（coat_indirect）预合成，并将合成名改为coat，叠加方式改为"相加"（见图119）。

图119

（10）以此类推，将漫射层_直接反射层（diffuse_direct）与漫射层_间接反射层（direct_indirect）预合成，改名为diffuse，叠加方式改为"相加"；将高光层

_直接反射层（specular_direct）与高光层_间接反射层（specular_indirect）预合成，改名为specular，叠加方式改为"相加"；将SSS层_直接反射层（SSS_direct）与SSS层_间接反射层（SSS_indirect）预合成，改名为SSS，叠加方式改为"相加"（见图120）。

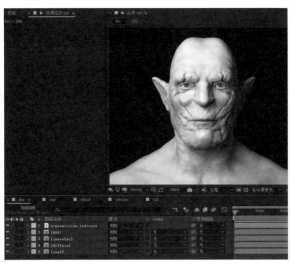

图120

2. 分别对每层AOV进行细节调整

（1）对折射层_间接反射层（transmission_indirect）进行调整

①选择折射层_间接反射层（transmission_indirect），可独显（点击图层前小圆球一栏）观察该层信息（见图121）。

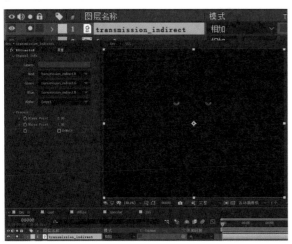

图121

②通过独显可以发现折射层_间接反射层（transmission_indirect）为眼球信息，关闭独显。在该图层上添加色阶（图层右键—效果—颜色校正—色阶），以调整眼球明暗信息。在色阶中，将灰度系数调为0.88，使得眼球的暗部信息更暗，让眼睛看起来更深邃（见图122）。

图122

③对折射层_间接反射层，再添加自然饱和度（图层右键—效果—颜色校正—自然饱和度），将自然饱和度调为100，以加深眼球的颜色信息（见图123）。

图123

调整效果对比如图124所示。

（调整前）

（调整前）

图124 折射层_间接反射层调整前后的效果对比图

（2）对SSS进行调整

①由于SSS的两层AOV已被预合成，为了直接看到合成内调整的效果对最终效果的影响，可在最外合成时，右键合成显示框的空白处，新建查看器（此时，将会得到两个显示框），再双击SSS的合成，进入合成后，便可同时观察总体效果以及合成内的效果（见图125）。

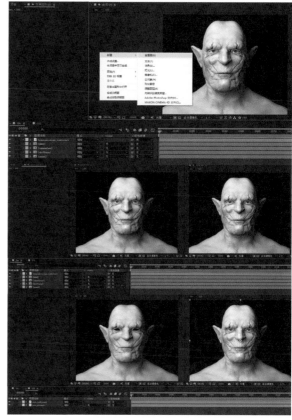

图125

②调整SSS层_直接反射层（SSS_direct）的信息

a.通过独显观察SSS_直接反射层（SSS_direct）的信息，此层为皮肤信息。关闭独显，给该层添加色阶（图层右键—效果—颜色校正—色阶），将色阶灰度系数调为1.90，目的是将皮肤暗部信息压暗，会使皮肤显得干净些）（见图126、图127）。

图126

图127

b.对SSS层_直接反射层（SSS_direct）添加自然饱
和度（图层右键—颜色校正—自然饱和度），将自然饱和
度值调为70，以加强皮肤色彩（见图128）。

图128

③调整SSS层_间接反射层（SSS_indirect）的信息

a.通过独显观察3S层_间接反射层（SSS_indirect）
的信息，此层为SSS透光部分信息。关闭独显，给该层添
加曲线（图层右键—效果—颜色校正—曲线），将红色部
分上调，以加强透光部分红色信息（见图129）。

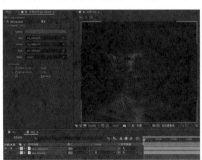

图129

b.对SSS层_间接反射层（SSS_indirect）添加曝光度
（图层右键—效果—颜色校正—曝光度），将曝光值调为
−1，以减弱皮肤透光部分强度（见图130）。

图130

④耳朵区域的调整

a.对SSS_direct使用钢笔工具画蒙版，抠出耳朵区域
（见图131）。

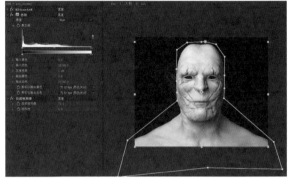

图131

b.复制一层SSS_direct，在蒙版设置中勾选反转蒙
版，并将该层重命名为SSS_direct耳朵（见图132）。

选中图层按M键打开蒙版选项，勾选反转。

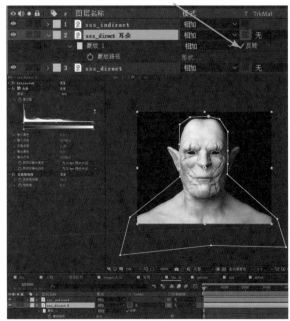

图132

c.对SSS_direct耳朵进行单独调色。在效果控件中删除一起复制过来的色阶，并添加曲线（图层右键—效果—颜色校正—曲线），将绿色部分降低，以使耳朵肤色绿色减少、偏红一些。

d.复制一层SSS_indirect，将该层重命名为SSS_indirect耳朵，使用钢笔工具画蒙版，将耳朵抠出，将蒙版羽化值设为200。因为蒙版需要羽化，所以画蒙版时不用贴着人像，可适当向外画一些（见图133）。

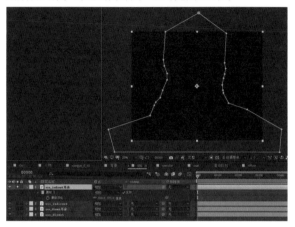

图133

e.给SSS_indirect耳朵添加自然饱和度（图层右键—颜色校正—自然饱和度），将饱和度调到100，从而让耳朵的透光信息更明显（见图134）。

图134

f.给SSS_indirect耳朵再画两个蒙版，分别将左、右耳过亮的区域画出（图中的黄色及绿色蒙版），并在蒙版模式中将这两个蒙版选择相减模式，从而去掉过亮的部分（见图135）。

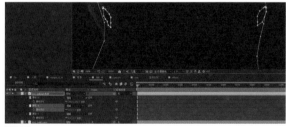

图135

⑤SSS信息调整前后对比，如图136所示。

（SSS调整前）

（SSS调整后）

图136 SSS调整前后的对比效果图

（3）对高光层（specular）进行调整

①通过独显观察高光层_直接反射层（specular_direct）的信息（见图137）。此层为皮肤高光反射信息，添加曲线（图层右键—效果—颜色校正—曲线），将红色加强，从而让皮肤高光带一些肉色（见图138）。

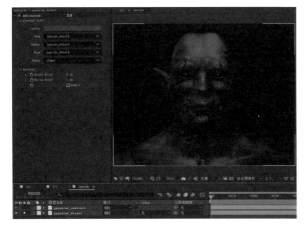

图137

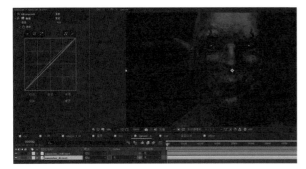

图138

②调整高光层_间接反射层（specular_indirect）的信息

通过独显观察高光层_间接反射层（specular_indirect）的信息，此层为皮肤褶皱部分的高光信息。关闭独显，添加色阶（图层右键—效果—颜色校正—色阶），将色阶中灰度系数改为1.25，以便提亮皮肤褶皱的高光（见图139）。

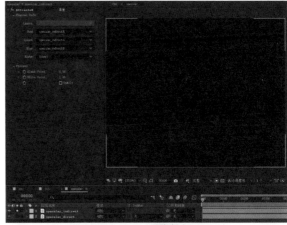

图139

③specular信息调整前后对比如图140所示。

（specular调整前）　　　　（specular调整后）

图140 specular调整前后的效果对比图

（4）对漫射层（diffuse）进行调整

①调整漫射层_直接反射层（diffuse_direct）的信息

a.通过独显观察漫射层_直接反射层（diffuse_direct），此层为眼白信息。关闭独显，对该层添加曝光度，将曝光度数值调为−0.15，以便压暗眼白信息，使眼白没这么突兀（见图141）。

图141

b.对diffuse_direct层添加曲线，加强红色，减弱蓝色。原眼白效果稍偏蓝一些，调整后稍偏红一些，整体融合度更高（见图142）。

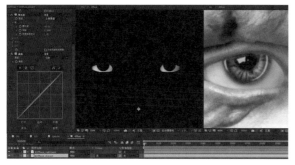

图142

②调整漫射层_间接反射层（diffuse_indirect）的信息

通过独显观察漫射层_间接反射层（diffuse_indirect），此层为眼白轮廓信息。关闭独显，对该层添加曝光度，将曝光度数值调为-1，以便压暗眼白轮廓信息，使眼睛与整体融合度更高（见图143）。

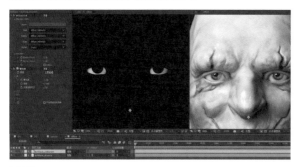

图143

③diffuse信息调整前后对比如图144所示。

（diffuse调整前）　　　（diffuse调整后）

图144 diffuse调整前后的对比效果图

（5）对外涂层（coat）进行调整

①调整外涂层_直接反射层（coat_direct）

通过独显观察coat_direct层，该层为皮肤油脂高光信息。关闭独显，添加色阶（图层右键—效果—颜色校正—色阶），将色阶中灰度系数改到0.8，以降低油脂的高光程度（见图145）。

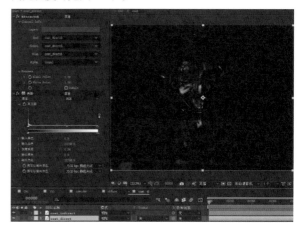

图145

②调整外涂层_间接反射层（coat_indirect）

独显观察外涂层_间接反射层（coat_indirect），此层为皮肤褶皱油脂信息。关闭独显，对该层添加曝光度，将曝光度数值调为0.3，以加强皮肤褶皱油脂程度（见图146）。

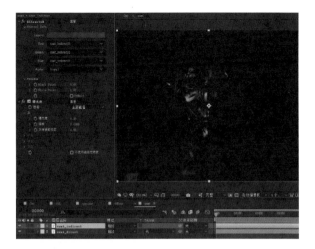

图146

③coat信息调整前后对比如图147所示。

（coat调整前）　　　　　（coat调整后）

图147 coat调整前后的效果对比图

至此，对AOV的细节调整已完成，前后对比如图148所示。

（AOV调整前）　　　　　（AOV调整后）

图148 AOV调整前后的效果对比图

3. 整体调整

（1）调色

①在图层最上方添加调整图层（见图149、图150）。

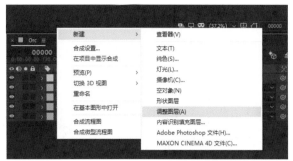

图149

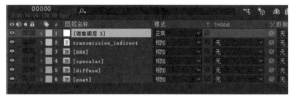

图150

②在调整图层中添加色阶（图层右键—效果—颜色校正—色阶），将色阶中灰度系数改为0.97；添加曝光度（图层右键—颜色校正—曝光度），将曝光值调为0.1；添加自然饱和度（图层右键—颜色校正—自然饱和度），将自然饱和度设为10（见图151）。

图151

③在该调整图层中继续添加曲线（图层右键—效果—颜色校正—曲线），将亮部拉高、暗部降低，以降低绿色（见图152）。

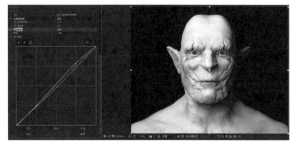

图152

（2）添加锐化

再添加一层调整图层，放置于图层最上方。在该层中添加锐化（图层右键—效果—模糊与锐化—锐化），锐化值给到13（见图153）。

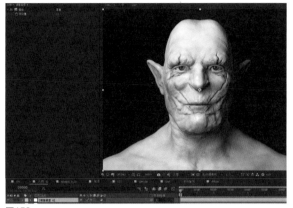

图153

（3）整体调整前后效果对比如图154所示

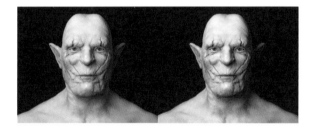

图154 整体调整前后效果的对比图

4.景深和背景

（1）景深

①将所有图层预合成，命名为"人物"（见图155）。

图155

②导入AOV层，添加EXR，通道中选择Z通道，并将该层重命名为Z（见图156、图157）。

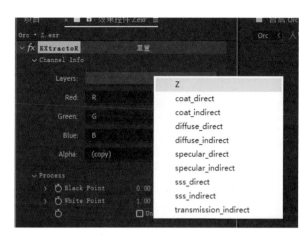

图156

图157

③将Z通道层独显，将EXR中的黑色数量（Black Point）调为66，将白色数量（White Point）调为59（见图158）。

图158

④将Z通道层显示关闭（见图159）。

图159

⑤为人物层添加景深插件FL Depth Of Field（图层右键—效果—Frischluft—FL Depth Of Field）（见图160）。

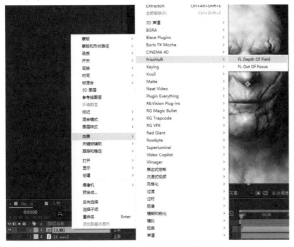

图160

⑥在FL Depth Of Field中，Depth layer选择Z.exr，其右边的框选择效果和蒙版，景深大小（radius）调到3（见图161、图162）。

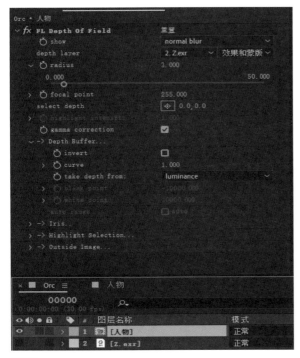

图161

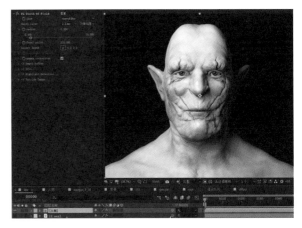

图162

⑦在图层最上方添加调整图层，使用钢笔工具为调整图层画蒙版（如图163所示，勾选反选），并在该层上添加摄影机镜头模糊（图层右键—效果—模糊与锐化—摄影机镜头模糊），将模糊半径调到4，目的是让除了面部外的其他区域虚化更明显，以突出面部（见图163）。

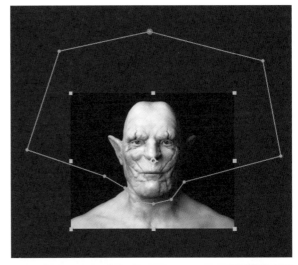

图163

（2）背景

①合成新建纯色层（合成空白处右键—新建—纯色），放在合成最下方，并重命名为背景（见图164）。

图164

②在背景层添加四色渐变（图层右键—效果—生成—四色渐变），确定四色位置及颜色调整（见图165、图166）。

（右上角）

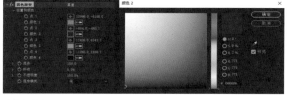

（左上角）

（右下角）

（左下角）

图165

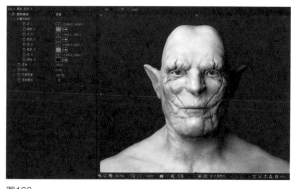

图166

③在背景层添加曲线（图层右键—效果—颜色校正—曲线），以降低整体亮度（见图167）。

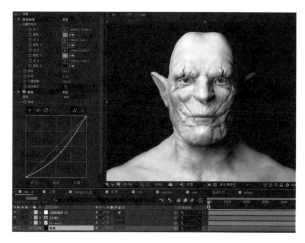

图167

④再添加一层纯色层，放在背景层之上，重命名为背景光。给该层添加一款光线插件OF光（图层右键—效果—Video Copilot—Optical Flares），见图168。

图168

⑤在背景光层的效果控件中，点击Options，进入OF光页面（见图169）。在OF页面中，选择左侧第三行光源，点击该行后方的SOLO（只显示该光源）后，点击OF光页面右上角OK范中的AE界面（见图170）。

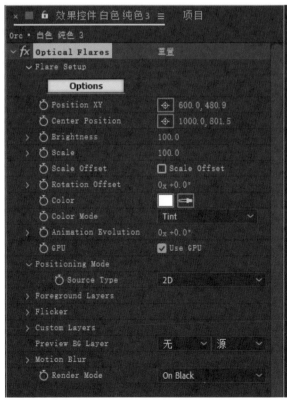

图169

图170

⑥在背景光层的效果控件中，调整光源位置（Position XY）的坐标为（876，606）。将光源范围（Brightness）调为150，将光源强度（Scale）调为106。将该层的叠加模式改为屏幕，透明度调至8%（见图171、图172）。

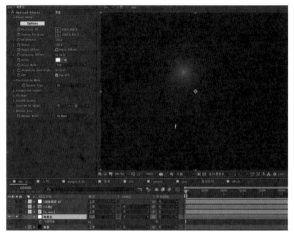

图171

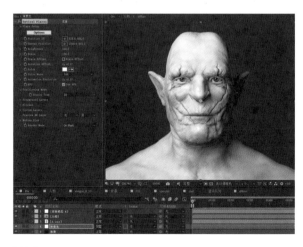

图172

至此，合成已全部完成，最终效果如图173所示。

图173

　　合成前后对比效果如图174所示。

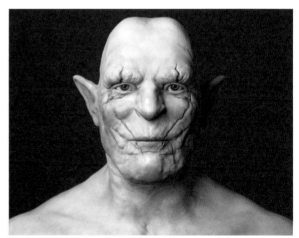

（合成前）　　　　　　　　　　　　　　　　　　（合成后）

图174 合成前后的效果对比图